ピアノの近代史

技術革新、世界市場、日本の発展

井上さつき

中央公論新社

目次

ピアノの近代史

技術革新、世界市場、日本の発展

プロローグ

ポーランドのワルシャワで五年ごとに催されるショパン国際ピアノコンクールは一九二七年から始まった有名なコンクールで、次回は二〇二〇年に開かれる。前回、このコンクールで公式楽器とされたのは、アメリカのスタインウェイ、日本のヤマハとカワイ、そしてイタリアのファツィオリという四つのメーカーのフルコンサートグランドピアノであった。この中で一番長い歴史を持つのは一八五三年にニューヨークで創業したスタインウェイで、コンサート用のピアノの分野では、世界最高峰のメーカーとして知られる。スタインウェイに次いで古い歴史を持つのが日本のヤマハで、創業一八八七年。その次が日本のカワイで一九二七年。一番新しいのがイタリアのファツィオリで一九八一年創業である。

もともと、ショパンコンクールの公式楽器に採用されるメーカーといえば、スタインウェイとベーゼンドルファーといった欧米勢で占められていたが、一九八五（昭和六〇）年、日本の二社が揃って採用されたことは音楽界に大きな衝撃を与えた。以後、ヤマハとカワイはさまざまな国際コンクールの公式楽器に選ばれている。日本のピアノメーカーは大いに健闘しているのである。

日本のピアノ製造の特徴は、ピアノの前に、オルガンを作るところから始まったことである。ここでいうオルガンとは、アメリカ式のリードオルガンのことで、足踏み式のふいごによって空気を吸い出して、リードを振動させる仕組みである。明治の学制改革で日本の公立小学校に導入されたのがこのアメリカ式であった。これに対して、ヨーロッパ、主にフランスで発達した楽器は、吸気式でハルモニウムと呼ばれる。アメリカには、一九世紀半ばに創業されたエステー社やメーソン・アンド・ハムリン社のように、リードオルガンとピアノの両方を製造していた会社があるが、ヨーロッパでは、ピアノとハルモニウムの両方を作っていた会社は見当たらない。

山葉寅楠は一八八七（明治二〇）年に創業したとき、リードオルガンを作るところから始めたが、ピアノの製造は難しく、一九〇〇（明治三三）年にようやく、国産第一号といわれるピアノを完成させた。その後、ピアノ製造はオルガン製造と共に急速に発展し、洋楽器産業は、戦前、すでに日本の代表的な輸出産業となっていた。当時の日本における洋楽受容は、コンサートの曲目などからも推察できるように、まだ初歩的な段階だったが、洋楽に関してはモノ作りが先行していたのである。

それにしても、文化に根差した製品である楽器を、異なる文化を持つ国が取り入れることは当然困難を伴う。日本ではそれが遂行されたばかりか、きわめて短期間のうちにその楽器を量産し、明治期から諸外国に輸出するに至った。しかも、二〇世紀後半には、急激に生産台数を伸ばし、日本は世界に冠たるピアノ大国となり、一般家庭への普及率においても世界トップクラスとなった。こうした事例は音楽史上、類を見ない。

そこで、日本におけるピアノ製造の発展メカニズムを探り、世界の流れの中に置き直してみたいと考えた。これが本書を書いた一番の動機である。

第一章では一九世紀の国際的なピアノ事情について語る。もともとピアノの生産が盛んだったのはイギリスとフランスだったが、一九世紀末には、ピアノ製造の中心は、アメリカとドイツに移り、機械が導入されて量産が行われるようになっていた。その間にピアノは私たちが知っているピアノ、つまり、頑丈な鋳鉄製フレームに多数の金属弦が張られ、音域は広く、音量も豊かな楽器に変身したのである。

第二章以降は、世界の状況を視野に置きながら、日本のピアノ産業の成立と発展について追っていく。まず、第二章では明治時代に日本でピアノの製造が始まるまでの状況を、第三章では一九〇〇年に国産ピアノ第一号が作られて以降のことを、第四章では大正時代、そして、第五章では昭和前期を扱う。続く第六章では、戦時下の楽器産業を扱う。それまで、おおむね順調に発展してきた日本のピアノ産業は、戦時下では軍需産業へと転換させられ、戦災ですべてが灰燼に帰した。第七章は戦後、ゼロから始まったピアノ生産の再出発を、第八章は急成長を遂げる一九六〇年以降を、そして、第九章では一九八〇年以降を扱う。

本論に入る前に、ピアノの基本的な構造について簡単に説明しておこう。

ピアノは大きく分けると、グランドピアノとアップライトピアノの二種類に分類される。それぞれ、いろいろなサイズがあり、グランドピアノは大きい方から、フルコンサート、セミコンサート、ベビーグランドとなる。一方、アップライトピアノは大きい方から、フルサイズ・アップライト、スタジオ・アップライト、コンソール、スピネットとなる。

アップライトピアノ（竪型）はグランドピアノ（平型）に比べて場所をとらず、一般的にグランドピアノよりも低価格である。音色、音響的にはグランドピアノに劣るが、軽く柔らかいタッチを持っている。

ピアノは、木や金属、布、フェルトなどで作られている。ピアノの材料の七〇パーセントは木材が占め、ピアノと木材は切り離すことができない。

基本構造は、グランド、アップライト共に、外側のケース、それから、鍵盤とアクション（打弦機構）以外のピアノの本体部分、そして、残りの、鍵盤やアクション、ペダルなどから成る。

外側のケースは、昔はムクの一枚板で作られたが、現在は合板やパーティクルボードを芯材として使い、その上に薄板が貼られている。

グランドの場合、ピアノの本体部分で、ケースの底面に放射状、あるいは、平行に太い木製の支柱が通っていて、ウッドフレームを形作っている。ウッドフレームと共に全体の強度を引き受けているのが鋳鉄フレームである。ピアノの蓋を開けると、数多くの金属弦（ミュージックワイヤー）が目に入るが、それらの張力を支えているのが、ウッドフレームと鋳鉄フレームである。

ウッドフレームと鋳鉄フレームの間に置かれているのが響板である。ピアノはハンマーを弦で打つことによって音を発するが、それだけでは音量が小さすぎるため、その弦の振動を広い響板に駒を介して伝えることにより、音量を増大させている。響板は音色の美しさを左右する最も重要な要素であり、ピアノの心臓部といわれる。材料は柾目板を使い、それを貼り合わせて響板が作られる。古くから使用されてきた樹種はヨーロッパ・スプルースだが、かつての日本では北海道産のアカエゾマツが使われていた。ピアノの響板には、厳選された最も質の良い木材だけが用いられる。

ミュージックワイヤーと呼ばれるスチール線の弦は、標準的な八八鍵のピアノにはおよそ二三〇本張られている。弦は、高音部は細く短い。太さを必要とする低音部は質量を増やすため、ミュージックワイヤーを芯にして銅線を巻いた巻き線弦が使われている。

弦を叩くハンマーヘッドは、木の芯を硬いフェルトで覆って作られているが、この品質も音色と音量に大きな影響を及ぼす。

演奏者が弾いたキーの運動をハンマーに伝達する機構をアクションと呼ぶ。アクションは極めて複雑に部品が組み合わされており、一つのキーはおよそ六〇個の部品から構成される。通常の八八鍵のピアノの場合、アクションの部品総数は五三〇〇個にも及ぶ。アクションの主な機構は木製だが、ピンなどの金属のほかに、微妙な小さな部分にシカ皮が用いられる。アクションの重要部分は一〇〇分の五ミリ単位の精密さを必要とする細かい作業で、時計工業並みの繊細さを要求される。しかも、アクションの製作は規格の定まった工業生産による部品ではなく天然素材を相手にするだけに難しい。

鍵盤は、白鍵が五二個、黒鍵が三六個で、合計八八鍵となる。鍵盤の表には、伝統的に象牙と黒檀が使われてきたが、一九九〇（平成二）年に象牙の国際取引禁止措置が採られ、使えなくなった。黒檀も現在では、絶対量の不足と価格の高騰により、最上位機種にのみ使用されるようになっている。

ピアノが材料を揃えて組み立てられると、そのあとに調律と整音（ボイシング）の作業となる。調律は音の高さ（ピッチ）を合わせる。整音は音色の調整である。

では、調律が終わったところで、いよいよ時空を超えてピアノをめぐる旅に出かけよう。

なお、史料の引用に当っては、原則として、現代の読者がなじみやすいよう、明らかな誤字は訂正し、旧字は新字に直し、漢字を一部かなに変え、句読点、送りがななどを適宜加えて改変を施している。

また、ヤマハ株式会社と株式会社河合楽器製作所の社名については、どちらも時期によって社名が変わってきたが、本書では原則として「ヤマハ」と「カワイ」に統一している。

ヤマハ株式会社は、一八八七（明治二〇）年八月から翌年二月までは山葉寅楠個人経営、一八八八（明治二一）年三月から一八八九（明治二二）年二月まで山葉風琴製造所、同年三月から一八九〇（明治二三）年八月まで合資会社山葉風琴製造所、同年九月から一八九七（明治三〇）年九月まで山葉楽器製造所、同年一〇月から一九八七（昭和六二）年九月まで日本楽器製造株式会社、一九八七（昭和六二）年一〇月からヤマハ株式会社となり、現在に至る。ブランド名は「ヤマハ」である。

株式会社河合楽器製作所は、一九二七（昭和二）年八月から一九二九（昭和四）年五月まで河合楽器研究所、同年六月から一九三五（昭和一〇）年二月まで河合楽器製作所、同年三月から一九五一（昭和二六）年四月まで合名会社河合楽器製作所、同年五月から株式会社河合楽器製作所となり、現在に至る。ブランド名は「カワイ」である。

第一章　一九世紀のピアノ事情

一　工芸品から量産品へ

工芸品だったピアノ

ピアノは一七〇〇年直前に、イタリアのチェンバロ製作者バルトロメオ・クリストフォリ（一六五五～一七三一）によって発明されたといわれる。彼が作った楽器は、鍵盤を叩くと、アクションの働きによってハンマーが弦を叩き、ピアノ（弱音）とフォルテ（強音）を自在に発音できる、ピアノの直接のルーツともいうべき四オクターブの楽器で、弦などを除く楽器本体はすべて木製だった。クリストフォリが発明したピアノは、ヨーロッパ中に拡散していった。それからおよそ一五〇年間、さまざまな改良が行われたものの、ピアノ自体はほとんど木でできた楽器で、工房において、手作業で作られることに変わりはなかった。ピアノは高級な工芸品だったのである。

一方、一八世紀末のロンドンでは、スクエアピアノが大量生産されるようになっていた。四角い、テーブルのような形のスクエアピアノは、プロの演奏家が使用するグランドピアノに比べると、性能においても表現においても制約があったが、廉価で小型で、製作にも時間がかからないので、イギリスで大量に生産されるようになり、イギリスとフランスで人気を得た。スクエアピアノはヨーロッパでは一九世紀半ばにアップライトピアノに取って代わられるが、アメリカではその後も人気があった。

一八世紀末、スクエアピアノのトップメーカーとなったのが、ロンドンのブロードウッド社である。

ロンドンのブロードウッド

ブロードウッド社は、スコットランド出身のジョン・ブロードウッド（一七三二〜一八一二）が一七八二年にロンドンで設立したメーカーである。彼はスイス出身のチェンバロ製造家バーカット・シューディの工房に入り、その後、シューディの娘と結婚した。

ブロードウッドは物理学者や音響学者の意見も取り入れ、システムに数々の工夫を加えていった。彼はスクエアピアノの改良に取り組んだ後に、グランドピアノの改良に向かい、イギリス・アクションと呼ばれるアクションを確立した。このアクションは、「突き上げ式」という打弦方法で、今日のピアノの基礎となった。イギリスのピアノメーカーにとって、消費地であるフランスが近いということは利点であった。一七七〇年代のフランスでは、「イギリスのピアノ」は最新の楽器としてもてはやされた。

一七八三年に、彼は、それまでの操作しにくい膝レバーではなく、現在のピアノのように足先で操作する「ピアノとフォルテのペダル」の特許を取って、ピアノに導入している。

一七九三年、ブロードウッドはチェンバロの製造を中止し、ピアノ製造一本に絞った。製造方式にも改良を加え、量産化へ舵を切り、年間グランドピアノ一〇〇台、スクエアピアノ三〇〇台、計四〇〇台のピアノを製造するようになった。

これは歴史的転換だった。というのも、一八世紀の職人は、六人ほどの弟子に手伝わせて、年間二〇台程度の楽器を作るのが一般的だったからである。ロンドンのシューディもアウグスブルクのシュタインもこの規模で仕事をしていた。[*1] シュタインといえば、モーツァルトが一七七七年、二一歳のときに出会って絶賛したピアノであるが、高価だったので、彼には到底手が届かなかった。モーツァルトはウィーンに定住後、アントン・ヴァルターのピアノを購入することになる。

シュタインの弟子、J・D・シートマイヤーは、弟子を使わず、一人で作業していたので、生産される台数はさらに少なかったはずである。一方、シュタインの娘、ナネッテはヨハン・アンドレアス・シュトライヒャーと結婚して、ウィーンで重要なピアノメーカー「ナネッテ・シュトライヒャー、旧姓シュタイン」を創業し、一八一五年には約五〇台のピアノを作っていた。五〇台は多いように思えるが、ブロードウッドの生産量からすれば、八分の一に過ぎなかった。

こうして、多数の従業員を雇用し量産に乗り出したブロードウッドだが、ほとんど機械は使われず、ピアノ製造は手作業で行われていた。これは、当時、産業化が進んでいたイギリスでは珍しい事例であった。楽器作りは手で、という意識が浸透していたのである。

ジョン・ブロードウッドは一八〇七年、息子のトーマスとジェームズが共同経営者になった際に、社名を「ジョン・ブロードウッド・アンド・サンズ」に改めた。ブロードウッド社は次々にピアノの改良を行い、いくつもの特許を取得した。一九世紀、ブロードウッド社はロンドンで一二番目に従業員数の多い会社であった。また、英国王室御用達をもっとも長く続けた。

パリのエラール

ロンドンのブロードウッドと共にイギリス・アクションを確立したのが、パリのエラールである。エラール社は、ストラスブール出身のセバスティアン・エラール（一七五二〜一八三一）が一七八〇年に創始したメーカーで、フランス革命前には王妃マリー・アントワネットのために移調のできる鍵盤楽器を作って喜ばれた。一七八九年のフランス革命後、王党派のエラールはイギリスに亡命し、ロンドンに支社を作り、その後は、ロンドンとパリの工場をフル稼働させて、楽器を作った。エラールがピアノの歴史に果たした役割は非常に大きかった。たとえば、一八〇八年には、アグラフという、弦を穴に通して誘導する真鍮の部品の特許を取っている。なかでも、エラールが一八二一年に特許を得た、連打をすばやく容易に行うことができる「ダブル・エスケープメント・システム」は、ピアノの性能を飛躍的に向上させた。これは、現代のピアノのアクションの基礎になっている。

ウィーン・アクション

一方、イギリス・アクションと並ぶウィーン・アクションは一八世紀後半にシュタインやシュトライヒャーらによって確立されたもので、「はね上げ式」という打弦方法を採用していた。このアクションは軽やかで、しなやかに歌わせることができるため、微妙な表現に向き、モーツァルトやベートーヴェンに愛された。

このように、ヨーロッパでは、アクション部分に関して、ウィーン式とイギリス式の二つの方式が半世紀以上にわたって競い合った。しかし、強い打弦と輝かしい音色が求められる一九世紀後半になると、ウィーンのシュトライヒャー社もイギリス・アクションを採用するようになり、ウィーン・アクションは使われなくなっていく。ただし、どちらの方式も、その基本は木のフレームをいかに自然に振動させるかにあった。[*2]

二　ピアノに鉄を組み込む

音域の拡大

一八世紀後半、ハイドンやモーツァルトの時代のピアノは五オクターブの音域だった。そのため、ハイドンやモーツァルトのピアノソナタは、その音域に収まるように書かれている。そもそも、この時代はチエンバロ、クラヴィコード、ピアノが並存していたので、どの楽器でも演奏できるように作曲されていた。

しかし、一八世紀末からピアノが優位に立ち、その音域はどんどん拡大し、構造も複雑化していった。ちょうどその時代を生きたのがベートーヴェンである。したがって、彼のピアノソナタは、彼が作曲当時所有していたピアノの音域を反映している。初期から中期の作曲に使われていたのは、ハイドンやモーツァルトが使っていたのと同じ五オクターブの楽器だった。しかし、一八〇三年、パリのエラールから贈られたピアノは五オクターブ半の音域を持っていた。ベートーヴェンはこの楽器に触発されて《ヴァルトシュタイン》や《熱情》ソナタを作曲した。

その後、ベートーヴェンが一八一八年に完成した《ハンマークラヴィーア》ソナタは、不思議な作品で、第一、第二、第三楽章と、第四楽章で使われている音域が異なっている。最初の三つの楽章はウィーンの

1803年にベートーヴェンに贈られたエラール（パリ）のピアノ

1817年にベートーヴェンに贈られたブロードウッド（ロンドン）のピアノと同型のピアノ
1816年製　ヤマモトコレクション蔵

シュトライヒャーのピアノで作曲されたため、音域はウィーンの六オクターブの音域（F1－f4）を想定して書かれている。一方、第四楽章はロンドンのブロードウッドから贈られた六オクターブのピアノを想定して書かれ、音域は低音域にスライドして（C1－c4）となっている。ピアノの高音域を拡大するのは力学的に負担が少ないが、低音域の拡大は難しかった。だが、さすがはブロードウッドである。ベートーヴェンにイギリスからはるばる贈られたピアノは低音域が拡大されていた。彼はそのピアノに触発されて第四楽章を書いたのである。ブロードウッドが贈ったピアノは足ペダルを持ち、全音域に三本弦が張られ、フレームは木製でイギリス・アクションであった。

ちなみに、ブロードウッドのピアノをロンドンからウィーンまで運ぶのは大変だったが、ブロードウッド社はピアノ輸送にも熟練していた。楽器は柔かい革カバーで包まれ、内側に亜鉛板を張りつめた木箱に入れられた。それは、ロンドンからイタリアのトリエステまで船で運ばれ、そこから荷車に移されて、五八〇キロメートルに及ぶ荷馬車街道を馬かラバに引かれてアルプスを越えた。[*3] このピアノはのちにフランツ・リストが所有し、現在はハンガリー国立博物館に所蔵されている。

金属フレーム

こうして、ベートーヴェンの時代にピアノの音域は拡大していったが、そこで生じた問題が楽器の強度である。特に、低音域の拡大は、ピアノに強い負荷をかけることになり、それまでと同じ木製のフレームでは、耐えられなくなった。ブロードウッドは一八二〇年頃、金属フレームを試作したが、音質を損ねるという理由であまり歓迎されなかった。一八二二年、エラールも九本の金属の支柱を用いる工法を取り入れる。ほかのいくつかの試みも行われたが、それらはあくまでも、木のフレームを基本にして金属で補強するというコンセプトで、できるだけ木部の共鳴板に影響を与えないようにという配慮がなされた。ヨーロッパの一般のピアノメーカーにとって、楽器に金属を多く使うという考えは嫌われたのである。

しかし、一九世紀に、演奏の場が宮廷サロンからコンサートホールに重心を移すようになると、より大きな音量、輝かしい音色がピアノに求められるようになってくる。ハンマーヘッドはどんどん重くなり、ピアノ一台にかかる総張力も、一八〇〇年頃には約四・五トンであったものが、一八五〇年頃には約一二トンになり、現代では約二〇トンになっている。

その張力を支える本体の構造を強化するために、フレーム全体を金属で単一鋳造するアイデアが、ヨーロッパではなく、新興国のアメリカで生まれた。一八二五年、ボストンのアルフェーズ・バブコック（一七八五〜一八四二）が、スクエアピアノのために一体型鋳鉄フレームで特許を得たのである。彼はこの工法によるピアノの製造に乗り出したが、経営はうまくいかなかった。一八三七年、バブコックはボストンのジョナス・チッカリングに雇われ、亡くなるまでここで働いた。

バブコックの発明に着目したチッカリングは、スクエアピアノ用の一体型鋳鉄フレームを発展させて一八四〇年に特許を取り、さらに、グランドピアノにもそれを適用し一八四三年に特許を取った。[*4] このチッカリングこそ、ピアノの製造方法を一変させた人物だった。

ボストンのチッカリング

ジョナス・チッカリング（一七九八〜一八五三）が創始したボストンのチッカリング社は、一体型鋳鉄フレームをいち早く採用し、国際的に認められた初のアメリカのメーカーとなった。チッカリングの功績は二つあった。一体型鋳鉄フレームをグランドピアノに導入したこと。そして、大量生産の方法を確立したことである。

一体型鋳鉄フレーム

一体型鋳鉄フレームの製造は鋳型作りから始められる。鉄骨と同じ形の木型に合わせて、粒子の細かい砂を固め、そして木型を引き抜くと、その形通りの空間ができる。これが鋳型である。この鋳型の中に、溶鉱炉で白熱され、ドロドロに溶けた鉄を注ぎ込み、冷えて固まるのを待って型を壊して中の鉄骨を取り出す。鉄骨に付着した砂を払い、よけいな部分（バリ）をやすりで落として形を整える。

チッカリングの場合、工場の近くに有名なサイラス・アルジャーの鋳物工場があったことは、一体型鋳鉄フレームを作るのに大きな強みであったと思われる。サイラス・アルジャー（一七八一～一八五六）はアメリカの有名な武器製造家で、大砲などの建造で知られ、数々の特許を取った発明家でもあった。

しかし、一体型鋳鉄フレームはそれまでの木製フレームと異なり、弦の響きを妨げる欠点があった。それを克服するためには、低音弦を太く長くし、弦の張力を高めなければならず、強度のある弦の開発が必要だった。ベートーヴェンのピアノはつねに弦が切れていたという逸話があるが、これは彼の演奏が激しかったという理由だけではなく、弦の材質がまだ弱かったことにも起因している。

ピアノ弦（ミュージックワイヤー）の技術革新

弦の技術革新が進むのは、一八一九年にダイアモンドダイスを使用した高抗張力弦の製作技術が生まれ、一八二五年にイギリスのバーミンガムでウェブスター社がスチールワイヤーを開発してからのこと。この頃からピアノ製造は製鉄技術と不可分になってくる。一八三五年には、重量感のある音を求めて、低弦にさらに銅線を巻いて太くする巻線製造が始まった。こうしてピアノは、重い低音の響き、燦然《さんぜん》と輝く音質、強い音の要求に応えるようになっていった。

しかしそうなると、楽器のフレームに過剰の負荷がかかり、木のフレームが割れるという事態も起こってくる。その点、一体型鋳鉄フレームは、音域の拡大とアクション機構の複雑化によって、ピアノのフレームにかかる負荷が増大しても耐えることができたので、アメリカのメーカーは一八五〇年代までに、ほとんどこの方式に切り替えた。しかし、ヨーロッパのメーカーは腰が重かった。ヨーロッパのメーカーはピアノに鉄を組み込むという考え方になかなかなじめなかった。

徹底した分業体制

さて、アメリカのチッカリングによる二つ目の功績は、大量生産を可能にする最先端の工場方式を発展させて、徹底した分業体制を敷いたことである。一八五二年、チッカリングのピアノの製造方法を記した音楽雑誌の記事があるので、ここで内容を紹介しよう。[*5]

記事の執筆者はボストンのワシントン・ストリートにあるチッカリングの工場を訪れた。そこでは、素材となる木材である、オーク、ロックメープル、パインやスプルースがメイン州、ニューハンプシャー州、ニューヨーク州から集められていた。オークとロックメープルはケース、スプルースは響板に、パインはその他のいろいろな部分に使われる。木材の選定は非常に大事なので、チッカリング自身が行っている。彼は大量の木材を購入し、つねに、五万から七万ドル相当の材木を手元に持っている。木材は適当な大きさにカットされたのち、オークとロックメープル材はマサチューセッツのローレンスにある提携施設に送られ、そこで最初の二年は屋外で、次の二年は覆いの下で「シーズニング」される。木材はこのように乾燥させたのち、寸法通りにカットされ、「乾燥室」に入れられ、三度目のシーズニングに入る。こうして、木材が伐採、製材されてから、六年ほどかけて、ようやく、次の段階へと進む。

乾燥室から出された材料を使って、ケースが組み立てられ、ボストンのフランクリンスクエアにあるチッカリング所有の化粧張りを行う工場に鉄道で輸送される。そこには、約一〇〇人の従業員が働いており、ケースの化粧張りや彫刻、装飾を作っている。ここで、ピアノのケースは、優雅なローズウッドやマホガニーの外観に変わる。

一方、鍵盤はマサチューセッツのランカスターにある別の工場で作られる。できあがったケースと鍵盤は、ワシントン・ストリートの主工場に集められ、そこでピアノが完成する。

ワシントン・ストリートの工場では、およそ一〇〇人の工員が二〇以上の部門に分かれて「仕上げ」作業を行っていた。まず、ワシントン・ストリートの工場で「完全にシーズニングされた」スプルースの響板をケースにはめこみ、鋳鉄フレームを入れる。フレームは、ボストン南部のサイラス・アルジャーの工場で鋳造されたものである。

チッカリング工場のピアノは、響板取り付けの後、塗装部門に送られ、それから、作業員が組になって弦を張り、もう一団はアクションを取り付ける。それから、調律が行われ、それを調整し、最後にチッカリング自身が点検する、という工程であった。

チッカリングはボストンの主工場を中心に、これだけ大規模にピアノ製造を展開していたのである。のちのヤマハやカワイの工場を見るようである。もっとも、大規模にはなったが、ジョナス・チッカリングは最終チェックを自身で行うことによって、製品の質を保っていた。

それまでのピアノ職人の徒弟制度では、徒弟はピアノ製造のすべての部分を少しずつマスターしていったが、チッカリングの工場では分業化されているため、工員はピアノ作りの一部しか担当せず、その後、独立して親方として働くことは難しかった。ピアノ作りの全工程を経験したのは、チッカリングの息子たちだけであった。しかし、チッカリングの工場の賃金は比較的高かったこと、そして、チッカリング自身が率先してエプロンをつけて工員たちに交じって働いたり、自分の工房で楽器をデザインしたり、あるいは売り場に立ったりしていたこともあって、工員たちの会社に対する忠誠心は高かったという。

一方、チッカリングは、工場の二階に設けられた優雅なサロンでコンサートや夜会のスポンサーとなり、自社の楽器の宣伝に務めた。また彼は、一八四一年に亡くなるまで共同経営者だったジョン・マッケイが開拓した代理店のネットワークをさらに拡大し、音楽雑誌や一般新聞への広告にも熱心だった。

チッカリングの成功は、彼に名声と富をもたらした。一八四八年、彼はボストンの高額納税者二〇〇人の中に名を連ねていた。

チッカリングの工場は一八五三年に火事で焼けるが、創業者ジョナスが亡くなった直後に完成した新工場は、当時のアメリカで、ワシントンの国会議事堂に次いで巨大な建物となった。一八五一年、チッカリング社はアメリカ全体で作られるピアノ九〇〇〇台のうち一三〇〇台を作っていたが、新工場ができると、一八五三年には毎年二〇〇〇台を作りだすようになった。[*6] こうして、チッカリング社は良質の楽器を量産するようになり、ピアノはより広い階層の人々にも手が届くようになった。チッカリングが一八五〇年代初めにピアノ製造業で果たした功績は、一九二〇年代にヘンリー・フォードが自動車産業で果たした功績に匹敵するものと評価されている。[*7]

こうして、ヨーロッパでは手作業でピアノ製造が行われていた一九世紀中期、アメリカでは、すでに機械を使った一体型鋳鉄フレームによるピアノ作りが主流になっていた。そこに、チッカリングに対抗する勢力として登場したのが、ニューヨークのスタインウェイである。

三　節目の一八五三年

ニューヨークのスタインウェイ

スタインウェイ社は世界有数のピアノメーカーで、現在はニューヨークとハンブルクに工場があるが、もともとはドイツ北西部にいたハインリヒ・エンゲルハルト・シュタインヴェーク（一七九七〜一八七一）が不安定な政情を嫌って、一八五〇年に長男テオドール（一八二五〜一八八九）をドイツに残して一家で渡米し、一八五三年に次男チャールズ（一八二九〜一八六五）、三男ヘンリー・ジュニア（一八三〇〜一八六五）と共にスタインウェイ・アンド・サンズという名前で興した会社である。会社には、その後、四男ウィリアム（一八三五〜一八九六）、五男アルバート（一八四〇〜一八七七）が加わった。

スタインウェイ社が創立された一八五三年といえば、日本では、アメリカの東インド艦隊のペリー司令長官が、四隻の軍艦を引き連れて浦賀にやってきた年である。異国船を見て驚きあわてた人びとは家財をかかえて逃げだし、江戸市中では武器のたぐいが二倍に値上がりした。これ以後、日本は否応なく開国させられることになるわけだが、海の向こうでは、この年、ニューヨークのスタインウェイのほかに、ベルリンではベヒシュタイン、ライプツィヒではブリュートナーという、のちのピアノ界に大きな影響を与えるピアノメーカーが相次いで創業された。これらのピアノメーカーは「後発優位」（先発企業に対して後発企業が持つ優位性）を活かして、大きな成果を挙げた。

まず、スタインウェイ社は創業後一〇年間に業績を伸ばし、アメリカではボストンのチッカリング社に次ぐ存在となった。スタインウェイ社は一八五五年のニューヨーク博覧会にスクエアピアノを出展し金メダルを受賞する。スタインウェイのスクエアピアノは頑丈な鋳鉄フレームを使い、また、太くした低音弦を横長に張り、その上に高音弦を斜めに張るという交差弦の方法を採用していたが、三男ヘンリー・ジュニアは、一八五九年、一体型鋳鉄フレームと交差弦システムを組み合わせたグランドピアノの新しいデザインで特許を取り、大きく前進する。

しかし、一八六五年三月、会社の中心であったチャールズとヘンリー・ジュニアが三週間の間に相次いで亡くなり、スタインウェイ社は存亡の危機に見舞われた。創業者である父はすでに高齢であったため、四男ウィリアムはドイツに残っていた長兄テオドールに渡米するように働きかけた。テオドール（英名セオドア）はニューヨークへやってくると持前の技術者魂を発揮して、数多くの特許を取り、科学技術分野で起こる新しい発明や発見を積極的にピアノ作りに取り入れて、さらにスタインウェイのピアノを発展させた。このピアノが一八六七年に第二回パリ万国博覧会に出品され、大評判を得ることになる。

スタインウェイは後発ではあったが急速に発展を遂げ、販売台数も売上高もチッカリングを抜いてアメリカ第一の企業になった。万博前年の一八六六年、スタインウェイは一九四四台のピアノを販売したが、チッカリングは一五二六台の販売であった。[*8]

交差弦

もともとピアノの弦は平行に張られていたが、交差弦は低音弦が中音弦の上にかぶさるような形で張られる。現代のピアノはこの交差弦による方式で弦が張られている。

平行弦は響きの透明性に優れているが、交差弦は長い弦を斜めに張ることにより、楽器の大きさを縮小することができ、音の伝わりがよくなり、和音の響きがよく混ざるという特徴を持っている。

この交差弦方式はフランスのジャン・アンリ・パープ（一七八九～一八七五）が一八二八年にアップライトピアノ用に考案した方法で、スクエアピアノやアップライトピアノに使われていた。それを、先に述べたようにスタインウェイ家の三男ヘンリー・ジュニアが一八五九年、グランドピアノ用に、一体型鋳鉄フレーム（チッカリングが一八四三年にグランドピアノに適用したもの）と組み合わせて特許を得たのである。一体型鋳鉄フレームと交差弦、弦はスチールワイヤー、という組み合わせにより、ピアノの音色は一変し、輝かしく響くものになった。この新しいグランドピアノのデザインは一八六二年の第二回ロンドン万博で評価された。

ベルリンのベヒシュタイン

ベルリンのベヒシュタイン社も一八五三年に創業された新興メーカーで、その後、急速に知名度を上げて、スタインウェイ社に劣らぬ名声を誇っていた。創業当初からフランツ・リスト、リヒャルト・ワーグナー、ヨハネス・ブラームスなどに愛され、一世代後には、ピアニストのヨーゼフ・ホフマンやアルトゥール・シュナーベルに「ピアノの理想の実現」「タッチと音色の勝利」と讃えられた。

創業者、フリードリヒ・ヴィルヘルム・カール・ベヒシュタイン（一八二六〜一九〇〇）はドイツ、テューリンゲンのゴータに生まれ、ドレスデンのプレイエル、ベルリンのペラウ、パリのパープとクリーゲルシュタインなど、ヨーロッパ各地の有名なピアノメーカーで研鑽を積み、ベルリンに戻って、一八五三年、二七歳のときに自分のピアノ会社を興した。

最初はアップライトピアノを製造したが、演奏会でリストが激しい演奏のために、エラールなどの使用ピアノの弦を切ってしまうことが頻繁に起こることを知り、新しい時代のヴィルトゥオーゾなどの演奏法による激しい使用にも耐えうるグランドピアノを製作しようと決意する。創業から三年後、ベヒシュタイン初のグランドピアノは、ハンス・フォン・ビューローの演奏するリストのピアノソナタロ短調でお披露目され、大評判となった。ベヒシュタインはアメリカの交差弦、一体型鋳鉄フレームを用い、イギリスアクションによる力強い音色を備え、フランスメーカーの速いレペティション（連打）機構を使った。自分の経験を活かし、各国のピアノメーカーから「良いところ取り」をしたのである。

ベヒシュタインのピアノは一八六二年のロンドン万博や一八六七年のパリ万博で高く評価され、当時のピアノ業界で確固とした地位を確立することに成功した。輸出も数多く手がけ、最初はイギリスとロシアから、やがてイギリス連邦のカナダやオーストラリアからも注文が入るようになり、さらに、アメリカ、ヨーロッパ、アジア、南アフリカへと市場が拡大した。それにつれて生産高も急激に伸び、一八六〇年代は年間三〇〇台だったものが、一八九〇年には五〇〇〇台に達し、第一次世界大戦までそれが続いた。

一八七〇年以降は全機種が一体型鋳鉄フレームの交差弦で生産された。歴史家のシリル・アーリックによれば、ベヒシュタインが一八六二年のロンドン万博で出品されたスタインウェイを綿密に調べたことはおそらく確かで、その後もスタインウェイをいろいろな部分で参考にしていたが、スタインウェイの華やかな音色に比べて、よりビロードのように艶やかな音色で、低音域はいくぶん薄かった。[*9] ベヒシュタインはまた、アメリカンシステムを取り入れ、大量生産と機械化に取り組んだ。

ライプツィヒのブリュートナー

ドイツ国内で、ベヒシュタインの一番のライバルと目されたのが、ユリウス・ブリュートナーである。彼は、一八二四年にドイツのファルケンハインに生まれ、一九一〇年にライプツィヒで没した。家具職人だったブリュートナーは、すぐれたピアノ製作者だったヘリングとシュパンゲンベルクの下で修業したのち、一八五三年にライプツィヒにピアノ工場を作り、翌一八五四年、「反復アクション」の特許を取った。そのピアノは同年、ミュンヘンで開かれた産業博覧会で好評を博し、ライプツィヒ音楽院の練習室のピアノを製作するように依頼される。「博覧会での評価から音楽学校への納入へ」というパターンである。ブリュートナーはライプツィヒの先行メーカーであるフォイリッヒとの協定で、当初はグランドピアノだけを製作していたが、一八五五年からはアップライトピアノも生産するようになり、急激に成長した。

ベヒシュタインと同様に、ブリュートナーもアメリカンシステムの優秀性を認めたが、目指す音色は異なり、ベヒシュタインの「ビロードのような音」に比べて、薄く透き通った音だった。ブリュートナーのピアノも一体型鋳鉄フレームを使ってはいたが、フランス以外の国で平行弦が廃れたずっと後になっても、いくつかのモデルは平行弦を採用していた。*10 また、そのフレームには中抜きの部分をできるだけ多く設けて、共鳴板からの振動を阻害しないような工夫をしていた。*11

一八七三年、ブリュートナーは「アリコート方式」の特許を取得する。これは、高音部の弦の隣りに、ハンマーで直接打たれることはない四本目の弦を張り、それを実際に鳴らされる音の一オクターブ上に調弦する。その弦が打鍵により自由に共振して、高音部の響きに豊穣さを増す、というものである。この技術によって、ブリュートナーのピアノは、豊かな響きを持つ楽器として知られるようになった。一八七六年、ブリュートナーはロンドンに最初の国外支店を出し、その後、ヨーロッパ、南北アメリカ、オーストラリア各地に販路を広げた。

一八五八年、一四人だったブリュートナーの従業員は一八六三年には一〇〇人に増え、一八八一年には五か所のブリュートナーの工場で合わせて年間一〇〇〇台のグランド、アップライト、スクエアなど各種ピアノが作られ、世紀の変わり目には、年間五〇〇〇台を生産する大メーカーになった。

四　アメリカンシステムの勝利

ヨーロッパの伝統的なピアノメーカーであるブロードウッド社やエラール社は、鋳鉄一体型のフレームだけでなく、交差弦の採用にも強く反対した。ブロードウッドは、音質の劣化を招くとして、鋳鉄フレームと交差弦の導入を拒み続けたため、新しいピアノ製作の流れから取り残され、一九世紀末には会社は縮小せざるを得なくなった。また、パリのエラール社のブロンデルも一九二五年になってもなお、鋳鉄フレームを拒否していた。

一方、一八五三年創業組のスタインウェイ、ベヒシュタイン、ブリュートナーは、過去の伝統にとらわれることなく、鋳鉄一体型フレームを積極的に導入した。一八六七年のパリ万博では、アメリカのスタインウェイとチッカリングが観客から絶大な支持を集め、楽器コンクールでも金メダルを得た。このことが契機となり、アメリカンシステムと呼ばれる、鋳鉄一体型フレーム、交差弦、テンションの高いワイヤーの使用という三本柱が、特にドイツ・オーストリアで広く取り入れられるようになった。一九世紀後半から二〇世紀にかけて、ピアノ製作をリードしたのはアメリカのチッカリング、スタインウェイ、ドイツのベヒシュタイン、ブリュートナーの四社であった。

チッカリングとスタインウェイ

そのうち、最初に脱落したのがチッカリング社である。チッカリング社は創業者の息子たちが経営していたが、一八九〇年代に経営危機に陥り、ついに以前の栄光を取り戻すことはできないまま、一九〇八年、アメリカン・ピアノ・カンパニーの一部になった。

一方、スタインウェイ社は順調に発展を続け、ロングアイランドに新しい工場群を建設する。そこには学校や教会、さらに、創業者一族が過ごすための「城」まで建てられていた。

さらに、一八六六年、ニューヨーク一四番街の倉庫の隣りに二〇〇〇席のコンサートホールを建設する（スタインウェイホールは一八九〇年、カーネギーホールがオープンすると閉鎖された）。また、一八七五年にはロンドンにショールームとコンサートホールを開設し、一八八〇年にはハンブルクに工場を開設した。当時からスタインウェイの楽器は高価だった。

その間、セオドア・スタインウェイはヨーロッパでは時代遅れになっていたスクエアピアノの製造を中止して、アップライトピアノに路線を変更し、その品質を向上させることにも力を尽くした。彼はアメリカ暮らしを嫌って一八八四年にドイツに帰国し、ハンブルクの工場で指揮をとったが、そののちも楽器の改良に向けての指示や提案をニューヨークに送り続けた。[*12] 一八八九年、セオドアは四五の特許と、ほぼ改良の余地がないグランドピアノの設計を遺して、この世を去った。

1854年製エラール（ロンドン）のピアノ、部分的鋳鉄フレーム、平行弦
国立アメリカ歴史博物館蔵（ワシントンDC）

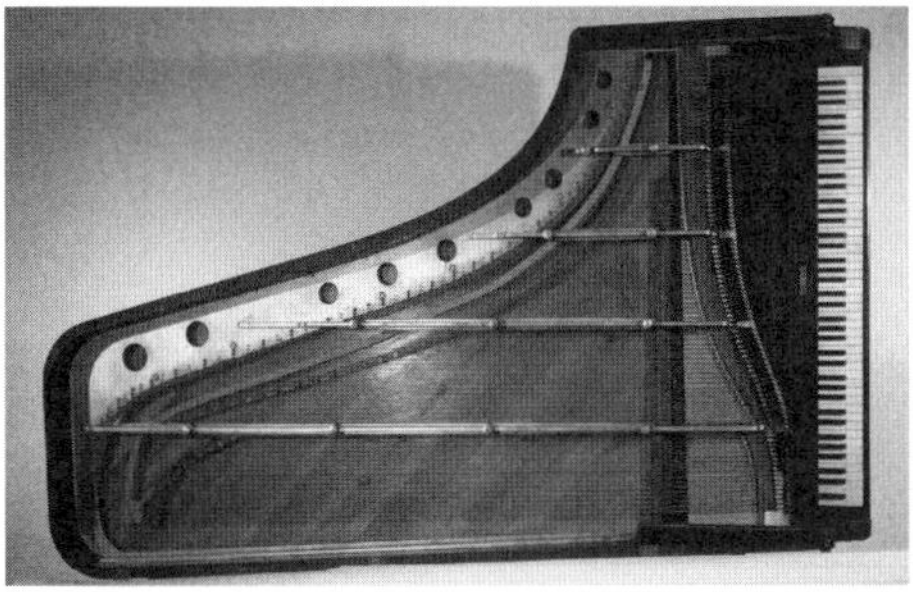

1865年製チッカリング（ボストン）、一体型鋳鉄フレーム、平行弦
国立アメリカ歴史博物館蔵（ワシントンDC）

スタインウェイは音響学的データに基づいて鋳鉄フレームを製作し、鉄の共鳴と木の共鳴との関係や鋳鉄フレームの形状、リブの構造、フレームに空ける穴やその穴の形状など、それまでとはまったく異なった製造方法を確立し、コンサートピアノのスタンダードを作りあげた。現代の私たちが聴き慣れているような、大ホールいっぱいに広がる輝くような音、豊かな残響は、こうして生まれたのである。

ちなみに、ハンブルク工場で製造されるスタインウェイピアノは、つねに、ニューヨーク工場で作られるピアノとは微妙に異なっていた。それは、典型的なアメリカ製スタインウェイの華やかな音色よりも温かく甘い。

五　ドイツの躍進

この頃から、ピアノ製造において、ドイツの躍進が始まる。一八七〇年の普仏戦争に勝利したのち、ドイツはドイツ帝国として統一され、工業化の時代が訪れたが、ピアノ製造もその一翼を担っていた。ドイツでは一八五〇年から一八九〇年までに二〇〇社のピアノ工場が生まれ、ピアノ生産台数は一八七〇年に一万五〇〇〇台に満たなかったものが、一八九〇年には七万台に増え、一九一〇年には一二万台に達した。[*13]注目されるのは、この時期に製造された大量のピアノのうち、国内向けは半数にとどまり、後の半数は輸出されたことである。ドイツの強みは最新の技術を導入する意欲と能力があったことで、これは技術的、商業的、科学的な教育、そして、応用技術の重視によって支えられていた。また、カタログの利用や配布にも力を入れていた。さらに、ドイツ音楽の名声もピアノを販売する上で有利に活用された。[*14]

一方、アメリカも積極的にピアノの輸出に取り組んだ。一八七〇年に年間二万四〇〇〇台だったピアノの生産台数は、一八九〇年には七万二〇〇〇台となり、アメリカは世界一のピアノ生産国となった。一九一〇年にはさらに大きく飛躍して、三七万台に達する。[*15]このように、一九世紀末、ドイツとアメリカは世界のピアノ市場を牽引する存在となっていた。

第二章　ピアノ、日本に入る

一　シーボルトのピアノ

日本に初めてピアノを持ち込んだのは一八二三（文政六）年、オランダ商館医師として長崎にやってきたドイツ人フィリップ・フランツ・フォン・シーボルト（一七九六～一八六六）だった。シーボルトが日本に着いたのが七月六日、いまでは、この日が「ピアノの日」となっている。シーボルトは日本研究のためにオランダから来日し、医学や自然科学を教えた。彼が一八二八（文政一一）年に帰国する際、持ち出し禁止の日本地図を持っていたことが発覚し、地図を与えた蘭学者が処罰される「シーボルト事件」が起こった。シーボルトは翌一八二九（文政一二）年、国外追放となるのだが、帰国前、長崎で知り合いになった萩《はぎ》の豪商熊谷家の四代目、熊谷五右衛門義比《よしかず》にこのピアノを贈っていた。一九五五（昭和三〇）年、熊谷家の蔵から発見されたこの楽器は修復され、「日本の最古のピアノ」として、現在、山口県萩市の熊谷美術館に保存・展示されている。

シーボルトのピアノ
1819年製ウィリアム・ロルフ&サンズ（ロンドン）　熊谷美術館蔵（萩市）

　ピアノといっても、グランドピアノやアップライトピアノではなく、四角い、テーブルのような形のスクエアピアノである。大きさは横幅一六八センチ、奥行き六二センチ、音域は五オクターブ半。イギリスのウィリアム・ロルフ・アンド・サンズ社の一八一九年製で、六本足である。手作業で作られ、弦を張るフレームは木製、弦は鉄と真鍮でできている。弦の張り方は平行で、アクションはシングル・エスケープメントであった。

二　外国人居留地のピアノ

一八五四（安政元）年、それまで鎖国政策をとっていた徳川幕府がアメリカのペリー司令長官に強要されて開国することになり、外国との交易が始まった。また、欧米各国からさまざまな教派のキリスト教の宣教師が上陸して、布教活動を始めた。発明されて間もないハルモニウムやリードオルガンは小型で輸送が容易な楽器だったので、日本に持ち込まれた。

それから五年後、一八五九（安政六）年七月一日、横浜（神奈川）が外国との貿易のために開港し、定められた居留地には外国の商人たちが住むようになり、彼らが持ち込むピアノの数もしだいに増えていった。

居留地の外国人楽器商

明治初期、横浜にいたピアノ調律師の一人にイギリス人のW・A・クレーンという人物がいた。彼は写真家として幕末に来日して、一八六五（慶應元）年にはパーカーという写真家と共にスタジオを開いている。一方、ピアノ調律師としても活躍し、さらに、一八七一（明治四）年には横浜のクライスト・チャーチで巨大なパイプオルガンの設置を担当している。その後、一八七八（明治一一）年、ドイツ人のO・カイルと組んでクレーン・アンド・カイル社を開き、ピアノの販売を開始した。

一八八〇（明治一三）年にクレーンは引退し、翌年からはカイル商会となる。そこでは、広告から見る限り、ピアノの調律や修理、海外で作られたピアノやオルガンの販売のほか、ピアノ製造も行っていた。もちろん、さまざまな部品を組み合わせて作る「組み立て」ピアノだっただろう。

のちに日本で最初にオルガンの量産を始める西川虎吉は一八七六（明治九）年頃からクレーンとカイルにオルガンとピアノの技術を学んだと述べている。クレーンとカイルは日本のピアノ製造の先駆けであった。

一八八二（明治一五）年、カイルが引退すると、その後をJ・G・ドーリングが引き継いだ。彼はハンブルク出身の商人兼技術者で、一八八〇（明治一三）年に来日し、カイルの店で働いていた。西川虎吉はドーリングからもピアノ製造の手ほどきを受けた。ドーリング商会では、ピアノの調律や修理だけでなく、新品や中古のピアノやピアノ以外の楽器の販売を行っていた。オルガンはチェイス、スミス、バーガー等もっぱらアメリカから、ピアノはドイツから輸入し、ブリュートナー、イバッハ、シートマイヤーなど七種類を扱っていた。総合楽器商をめざしたドーリングは、ヴァイオリン、チェロ、コントラバス、ギター、バンジョーなどの弦楽器、あるいは金管楽器、木管楽器も扱い、順調に業績を伸ばし、一八八九（明治二二）年には、販売店の名前をつけて自社ブランドとする「ステンシルピアノ」も売り始めた。

横浜居留地のクレーン＆カイルの新聞広告（ピアノの新品と中古販売）*The Japan Gazette*　1880年10月12日付

三　ピアノの伝習開始

明治維新後、ピアノの伝習は一八七九（明治一二）年から、海軍軍楽隊で開始された。また、式部寮雅楽課でも、外国からの賓客を迎えるため、一八七四（明治七）年から吹奏楽の伝習が始められたのに続き、一八七九年からピアノや管弦楽の実習が開始された。

一八七九年一〇月、文部省に音楽取調掛《おんがくとりしらべがかり》が設置されると、ボストンの音楽教育家ルーサー・ホワイティング・メーソンの来日に合わせて、音楽教育用にアメリカのクナーベ社のスクエアピアノ一〇台とバイエル・ピアノ教本二〇冊が輸入された。[*1]ここで音楽取調掛に据え付けられたピアノがアメリカ製であったことは注目される。当時、ピアノ大国となっていたアメリカにとって、ピアノは主要な輸出品の一つであった。

唱歌教育に最適な楽器はリードオルガンとピアノであったが、それらは輸入に依存し、しかも非常に高価であった。音楽取調掛では、日本在来の楽器を教育用として改良することと、リードオルガンとヴァイオリンを模造することに取り組んだ。そのなかで、外国人居留地の楽器商に手ほどきを受けた西川虎吉が、まず、オルガンの量産に成功する。

西川虎吉

西川虎吉（一八五〇～一九二〇）は千葉県の君津出身で、伊藤徳松の次男であったが、西川家に養子に入った人物で、三味線職人だった。

一八七六（明治九）年、横浜に出た虎吉は、調律師のクレーンや、その後のクレーン・アンド・カイル

日ノ出町2丁目の西川工場（絵葉書）
横浜開港資料館蔵

西川虎吉

社で学んだ後、ドーリング商会に入り、オルガンやピアノの製造技術を習得した。一八八二（明治一五）年、三味線製造を廃業し、オルガン製造へ転業する。そして、一八八四（明治一七）年、国産の材料を使ったオルガンの製造を行い、量産販売を開始した。

一八八七（明治二〇）年には新しく横浜市中区の日ノ出町に工場を作る。この工場は大岡川に面し、水運も利用できるようになっており、また木材の加工が十分できるように蒸気機関を据え付けるなど、楽器工場として小さいながらも本格的な設備を持っていた。

四　山葉寅楠登場

日本のオルガン製造がようやく緒に就いた明治中期、一八八七（明治二〇）年に登場したのが、山葉寅楠《とらくす》（一八五一～一九一六）。世界的な楽器メーカーであるヤマハの創業者である。ヤマハは一九八七（昭和六二）年、創業一〇〇周年を契機に、社名を一八九七年の株式会社設立以降使用してきた「日本楽器製造株式会社」から「ヤマハ株式会社」へと変更した。本書では、原則として「ヤマハ」に統一して話を進める。

山葉寅楠の生い立ち

山葉寅楠は幕末の一八五一（嘉永四）年、紀州藩士山葉正孝の次男に生まれた。父正孝は藩の天文係で、地図の作成や橋の架設、からくり人形の考案などに、すぐれた才能を示したが、寅楠は乱暴者に育ち、ついには勘当の身となって、一八六八（明治元）年、一七歳で大阪に飛び出す。そこで時計商の徒弟となり、一八七一（明治四）から七二（明治五）年にかけて長崎で時計製造を学ぶ。その後、大和高田に西洋医療器械師を兼ねた時計商の店を出したもののうまくいかず、その後は医療器械師や時計師を兼ねた渡り職人として各地を遍歴していた。

時計師という職業

山葉寅楠について書かれたものは社史を始めとして色々あるが、若い頃のことについてはわからない部分が多い。

それにしても、時計とは寅楠はずいぶんハイカラなところに目をつけたものである。日本で太陰暦から太陽暦に変わったのは明治時代に入ってからで、一八七二（明治五）年一二月三日をもって一八七三（明治六）年一月一日とするという改暦の詔書が公布された。改暦が行われると、時計は急速に普及し、西洋時計の輸入量が急増した。それは文明開化のシンボルで、ぜいたく品であると同時に、精密なメカニズムを備えた近代科学の産物でもあった。[*2]

その流行の西洋時計師に山葉寅楠がなろうと思ったのは、時流に乗ったことだった。ただし、時計の国産化が進むのは、明治後半になってからのこと。この時点では、舶来品の修理が主だったと思われる。また、彼がもう一つの職とした西洋医療器械師についても、当時の医療器械といえば、メスやハサミ、鉗子《かんし》などの器具のことであったから、時計師と兼ねるのもおかしなことではなかった。

オルガン修理

諸国遍歴の途中に、浜松にやってきた寅楠は、医療器械の仕事を通して、浜松病院長福島豊策《ほうさく》と知り合いになる。福島は佐賀の下級武士の出身で、長崎で医学校を終えて、各地を転々とした後、浜松で病院を開いていた。さらに、寅楠は茶商樋口家の食客となり、次男の学務委員、樋口林治郎《ひぐちりんじろう》と親しくなった。こうしたことがきっかけで、浜松尋常小学校（現在の元城小学校）の舶来オルガンが故障したときに寅楠に修理の声がかかった。

このあたりの時期については諸説があり、寅楠がオルガン修理と試作に取りかかった日は確定できない。『社史』はそれを一八八七（明治二〇）年七月としている。

山葉寅楠

山葉寅楠が初めて修理したといわれるメーソン&ハムリン（ボストン）のリードオルガン（写真は後年の複製）

この年、浜松尋常小学校にアメリカのメーソン・アンド・ハムリン社のリードオルガンが横浜から送られた。購入代金四五円だったという。当時、米一斗が一円だった時代である。郷土出身で横浜の貿易商野沢組社員の気賀範十が寄贈したともいわれる。その貴重なオルガンが二、三か月後に故障したため、寅楠が呼ばれたのである。

機械の修理ならお手のもの。寅楠は苦も無くオルガンを修理し、そこで、自分でオルガンを製造すれば金になると思いつき、オルガン製造を志した。その際、仕事場、資金、技術すべてを提供して手伝ったのが、錺《かざり》職、つまり、金属工芸職人の河合《かわい》喜三郎《きさぶろう》であった。ちなみに、のちに、「天才小市」といわれる河《かわ》合《い》小市《こいち》とは親戚関係ではない。

小学校のオルガン

昔、小学校の音楽の授業は「唱歌」と呼ばれた。では、「唱歌」がいつから授業科目になったかといえば、一八七二（明治五）年、日本に近代的な教育制度が敷かれたときに、すでに科目に入っていた。外国の制度を参考にしたからである。そこでは、小学校に「唱歌」、中学校に「奏楽」がそれぞれ教科の一つとして置かれたが、いずれも「当分これを欠く」というただし書きがついていた。実際には唱歌を教える教師もいなければ教材もない。外国人宣教師によるミッションスクールでは、明治初期からオルガンを用いた賛美歌教育が始まってはいたものの、公教育の場ではどこの学校でも音楽は教えられていなかった。

一八七九（明治一二）年、文部省に設置された音楽取調掛は、一八八七（明治二〇）年、東京音楽学校になり、戦後、東京藝術大学音楽学部になる組織だが、これは単なる学校ではない。その名のとおり西洋音楽を「取り調べ」て学ぶべきところは学び、新しい日本の音楽を創ろうとしていた。ここで唱歌は試行錯誤しながら作られていった。

こうして、一八八二（明治一五）年、音楽取調掛編の初の『小学唱歌集』が発行され、しだいに小学校で唱歌の授業が行われるようになった。特に、一八八六（明治一九）年五月の文部省令で小学校の唱歌は「単音唱歌複音唱歌」と指示されたことは影響が大きく、それを受けて、全国の公立小学校で徐々に唱歌教育が開始された。

音楽取調掛が唱歌教育に一番に勧めたのは、オルガンである。オルガン（風琴）は「音調の狂いきわめて少なく、学校唱歌の教授にはもっとも適当にして、かつ習いやすいもの」という評価であった。浜松尋常小学校にオルガンが導入された背景には以上のような経緯があった。

アメリカのメーソン・アンド・ハムリン社のリードオルガンの修理をきっかけに、寅楠は河合喜三郎と共に一台のオルガンを作り上げ、東京音楽学校に楽器を持参し、「審査」を受けることになった。『社史』によれば、寅楠はこれを浜松の学校当局に見せ、次いで静岡師範学校にも持参して意見を求めたが、十分な批評を得られなかったので、静岡県令関口隆吉の紹介状を得て、東京音楽学校校長、伊澤修二のもとに持っていったという。[*3]

その第一号の試作オルガンを、寅楠と河合喜三郎は天秤棒に担ぎ、箱根の山を越えて東京に運んだ、という有名なエピソードがあるが、これもあやしい。浜松の港から船で運んだと思われる。[*4]

唱歌教育を普及させるために、国産楽器が早く製造されることを望んでいた伊澤は、音楽学校で楽器を鑑定することをそれまでにも行っていた。何しろ、輸入楽器は高価だった。不平等条約の制約があるため、船賃や多額の手数料を入れると、楽器は現地価格の二、三倍になってしまう。輸入超過で外貨不足に悩んでいた明治政府にとっては、大問題である。そこで、伊澤修二は、当時、黎明期にあった国産楽器メーカーを積極的に手助けしていた。

寅楠が東京音楽学校にオルガンを持ち込んだときの様子を、当時学生で、試弾に参加した鈴木米次郎（一八六八〜一九四〇、東洋音楽学校〔現東京音楽大学〕の創始者）は後年、思い起こして、次のように語っている。[*5]

日本でオルガンができたというので、見たところが、立派なものができていた……すべての塗りが漆の黒塗りで、中に金の蒔絵があって鳳凰《ほうおう》の絵なんか描いてある。よく見るとオルガンが仏壇のような気がした……体裁は非常に好いのですが、弾いてみると音色が笙《しょう》の音と同じようです……私共書生のことですから四五人もおりましたが寄ってたかっていろいろな酷評をいたしました。

ちなみに山葉はこの後、漆塗りで蒔絵を施したピアノを作り、博覧会で評価されることになるが、そのアイデアは最初にオルガンを作ったときから使われていたわけである。

ただし、このとき、伊澤修二が出した結論は、「体はなせども、調律不備にして使用に耐えず」であった。

伊澤は寅楠に東京で勉強していくように勧め、寅楠は一か月間、調律を勉強した。浜松に帰った寅楠は、再びオルガン製造にチャレンジし、第二号を東京音楽学校に持参。今度はめでたく合格となった。

寅楠のオルガン作りを支えた錺職人、河合喜三郎の妻まつ子は、最初に寅楠を清水屋という安宿に訪ねたときのことを語っているが、部屋には金比羅さんが祭ってあるほかには何もなかったという。[*6] 寅楠は金比羅さんを深く信心しており、それは後々まで続いた。

寅楠に誘われて、河合喜三郎はその手伝いをすることになったものの、親類や知り合いからしきりに止められた。「山葉さんは紀州の人だというわさだが、どんな素性の人かわからない。土地の人ならともかく、世間から来た人だから気が許せないから仲間に入っておやりになるはいいようなものの、お金を出すことはおやめなさい」というわけだ。*7 だが、喜三郎は家屋敷を売り払って二百何十円かの金を作り、それをオルガンの製造につぎ込んだ。

最初期、河合喜三郎の家でオルガンを作り始めたときから働いていた職人鈴木喜太郎は寅楠に会った当時の姿を覚えている。「山葉の旦那」は綿の唐桟《とうざん》の着物に唐桟の羽織一枚で、仕事をするにも外へ出るにも着の身着のままだったが、二台目のオルガンが大阪で売れると「絹布で高シャッポに袴《はかま》をはいて」、つまり、絹ものを着て、丈の高い帽子をかぶり、袴をはいて、浜松に戻ってきたので驚いたという。*8

ちなみに、寅楠は身だしなみに気を遣う性格で、一八九九（明治三二）年にアメリカに視察に行ったときには、乗船前に、洋服をあつらえるためにかなりの散財をしている。

寅楠と調律

明治に西洋楽器を作るようになった中には、もともと三味線づくりだった人が何人もいる。ヴァイオリン製作の鈴木政吉しかり、オルガン、ピアノの製作で山葉寅楠のライバルになる西川虎吉しかり。

一方、山葉寅楠については、しばしば、経営者であって楽器職人ではないという点が強調されてきた。確かに、寅楠は一人でオルガンを作ったわけではない。当初から、河合喜三郎という錺職人のパートナーがいた。また、オルガンの音色については、寅楠の一番弟子で、ピアノ部長となる山葉直吉の実父、尾島彌吉に意見を聞いていた。

オルガン作りで当時の日本人が苦労したことは、機構は言うまでもなく、西洋音楽における平均律の「調律」の原理を理解することだったと思われる。それを一か月の勉強で「会得」したのは、寅楠の耳が良かったのだろう。直吉は寅楠の調律について、のちに覚えたアメリカの「ノートン氏の調律法」が、寅楠から教えてもらった調律法とちゃんと合っているのに驚いたと述べている。[*9]

共益商社

試作第二号のオルガンが音楽学校で認められた山葉寅楠は、早速、伊澤修二の紹介で、銀座の書籍兼楽器商の共益商社に渡りをつけ、社長の白井練一と販売契約を結んだ。共益商社の楽器部は銀座竹川町（現在の銀座七丁目、ヤマハ銀座店）にあった。当時の共益商社が扱う商品は高価な輸入楽器のみで、白井練一は低価格の国産品の出現を待望していた。オルガンやピアノについては、すでに横浜の西川虎吉が製造に成功していたが、西川の製品は銀座二丁目の博聞本社という代理店があり、博聞本社を通じて全数が販売されるため、共益商社の手にはまったく入らなかった。したがって、寅楠が訪ねてきたことは、共益商社にとっても渡りに船であった。

さらに、寅楠は白井の紹介で、大阪の大手書籍商三木佐助とも同じ契約を結んだ。三木佐助の大阪開成館はのちに三木楽器店となり、現在は三木楽器株式会社として続いている（本書では原則として三木楽器に統一する）。

白井と三木は全国の教科書専売を二分する東西の元締めだった。したがって、両社が握る全国の販売ルートはそのまま山葉オルガンの販売ルートになり、また、寅楠は彼らの前貸しを受けつつ、生産に専念できる体制を早くに確立することができた。この白井、三木、山葉寅楠による「三者協約」によれば、東（加賀、越前、美濃、伊勢国以東）は白井練一、それよりも西は三木佐助が販売し、山葉は遠江《とおとうみ》、伊豆、駿河《するが》（つまり静岡県）に限り直接販売ができるという内容だった。地域の呼び方が県名ではないところが時代を感じさせる。卸値は定価の三割引きだった。

ちなみに、この翌年、名古屋の鈴木政吉がヴァイオリンに関して、同種の契約を白井、三木と結ぶことになった。同じ共益商社が関東以東の売りさばき所であったところから、鈴木政吉は山葉寅楠と時々東京で顔を合わせるようになり、親しくなっていった。

本格製造開始

寅楠は、一八八八（明治二一）年三月、浜松成子の普大寺庫裡《ぶだいじくり》跡を借り、山葉風琴製造所を作る。そのときに支援したのが、恩人の浜松病院長、福島豊策で、家屋敷を抵当に入れて金を工面してくれた。当初は山葉、河合のほかに、大工三名、手伝い一名で始め、のちに横浜からバネづくりの職人二人を入れた。だが、しだいに注文が増え、従業員が一〇〇名を越すようになると、個人経営では立ちゆかなくなり、寅楠は三万円の出資金を集め、翌年三月、浜松駅前に移転し、合資会社にした。さらに、翌一八九〇（明治二三）年には、共益商社と三木佐助商店の加勢も得て五万円への増資を達成し、工場を板屋町法雲寺の東に新設した。

とはいえ、順風満帆でことが進んだわけではない。オルガンが売れるとなったとたん、土地の名士たちが、寅楠が育成した職工をはじから引き抜いて、次々にオルガン工場を立て始めたからである。よそ者が浜松で受け入れられない悲哀を寅楠は味わった。だが、寅楠は泣き寝入りしなかった。ある夜、工場の夜回りをする当番の職工に峰打ちを浴びせ、驚いた職工に、「自分にひどいことをする奴がいれば、おれは昔から慣れているのだから、叩き斬ってしまう」と言い放った。職工こそいい迷惑だが、これが小さな浜松では評判になり、それ以降、寅楠は恐れられ、職工が取られることも少なくなった、という。[*10]

日本のオルガン製造の黎明期に、寅楠に先立って生産を始め、山葉のライバルとなったのは前述した横浜の西川風琴製造所であるが、西川が居留地の外国人から学んだのと異なり、寅楠は実物のオルガンを分解することによって自分でオルガン製造の原理を理解した人物である。いざ、浜松で試作品を作るときにも、手近の材料で作るしかないので、リード（笛）は真鍮板を切ってイシキノミで削り、弁は自ら合金してやすりで磨き、鍵盤用セルロイドには裁縫で使う牛骨へらをすり下ろして使い、空気袋のゴム布には目張り紙をあてるなど、涙ぐましい努力をしてこしらえた。[*11] そうして、寅楠が河合喜三郎の助力を得て、知恵を絞って、オルガン製造所を興したとたん、自分が教え込んだ職工が地元の名士の工場に引き抜かれるということは、寅楠が考案したオルガン作りのノウハウを盗まれることに等しかった。

幻の「有限責任山葉楽器製造」

三木楽器に残っている資料の中に、一八九〇（明治二三）年一月五日付の「有限責任山葉楽器製造定款」というものがある。これは実行されなかった素案だが、これによると、山葉寅楠、三木佐助、白井練一の三人が発起人となり、それぞれ四〇株ずつもつ最大株主で、所長は寅楠。第一条で、寅楠は製造に専念することが明記され、第三条では、製造所は当初浜松に置くが、いずれ東京と大阪に置くとされている。[*12] つまり、浜松は仮の工場になるはずだった。

これは浜松で苦労する寅楠の姿を見ていた三木の発案だったのかもしれない。だが、浜松には、福島など、寅楠を応援してくれる有力者もいる。一八八九（明治二二）年二月には浜松に町制が実施され、一万九〇〇〇人あまりを擁する町となった。東海道線も開通した。寅楠は浜松を本拠地とする決意を固めたのだった。

五　その後の居留地の楽器商

モートリー商会

一八九〇（明治二三）年、上海に拠点を置くイギリス系の商社、モートリー商会が、神戸と横浜に支店を開設し、日本に進出した。当初、経営者は、上海のS・モートリーと香港のW・G・ロビンソンで、モートリー・ロビンソン商会といい、横浜支店の支配人はT・マッケイブであった。ここでは、ピアノ・オルガン・楽器・楽譜の輸入と販売を行っていた。一八九三（明治二六）年、支配人がT・ブラウンに変わり、翌年には香港のロビンソンが経営から離れて、モートリー商会となり、横浜を本拠地とする。

一八九六（明治二九）年には工房も作り、中国人技術者の責任者を置き、扱うピアノの種類を増やし、スタインウェイやローゼンクランツを輸入していた。翌年、神戸支店にいたチャールズ・スウェイツが横浜支店の支配人になる。

一九〇一（明治三四）年、モートリー商会は横浜支店の営業権を支店長スウェイツに譲り渡し、日本から手を引いた。

上海のモートリー商会

日本のピアノ史の中で、外国の輸入商会の活動については、これまでにも語られてきたが、日本にとどまらず、アジアという枠組みで輸入商会について考えることが必要だろう。たとえば中国には日本よりも早くピアノが入り、ピアノの現地生産も始まっていた。上海のモートリー商会は中国で最初にピアノビジネスを始めたイギリスの商社で、創立は一八五〇年前後といわれる。[*13]モートリー商会を始めたシデナム・モートリーはロンドンのピアノメーカー、ブロードウッド社で長い経験を持っていた。[*14]当初はピアノの販売と修理や調律などのメンテナンス、それからほかの楽器の販売を行い、完成品のピアノはイギリスから輸入していたが、一八七〇年頃になるとイギリスからさまざまな部品を輸入し、現地で組み立てるようになった。

最初はイギリス人の職工を使っていたが、すぐに中国人を雇うようになり、初期の中国人調律師はすべてモートリー商会の出身者だった。その後、モートリー商会ではピアノの外側のケースと響板を作り、鋳鉄フレームは土地の鋳物屋に発注し、上海でピアノを製造するようになった。木材については、外側のケースはチークやほかの木材を東南アジアから、響板に関してはアメリカから輸入していた。しかし、ピアノの重要な部分、つまり、アクション、フェルト、弦はすべて輸入していた。一九一〇年、モートリー商会の工場には一〇〇人以上の職工がいて、ひと月七〇から八〇台のピアノが生産された。ほとんどがアップライトピアノで、さまざまなサイズがあった。上海のモートリー商会は、一九五〇年代初頭、ほかの外国企業と同様に撤退した。

スウェイツ商会

一八九九（明治三二）年の不平等条約改正により居留地は無くなったので、一九〇一（明治三四）年に設立されたスウェイツ商会を居留地の楽器商とは呼べないが、この会社は関東大震災前まで活発に活動していた。一九〇四（明治三七）年版の『ジャパン・ディレクトリ』の同社の広告によれば、スタインウェイとピアノラ（自動ピアノ）の日本の唯一の代理店とされているが、そのほかに、モートリー商会の取扱いブランドであったコラード・アンド・コラード（カラード・アンド・カラード）やローゼンクランツも扱っていた。また輸入ピアノのほかにオルガン・楽譜・楽器販売を行っていた。ここはベヒシュタイン工場出身で、ドーリング商会を辞めてきた、調律師のカンハウザーをマネージャーとして雇い入れていた。

一九〇八（明治四一）年以降、スウェイツの名で横浜で自社ブランドのピアノ製作を行っていたが、カンハウザーは一九一七（大正六）年頃帰国し、後任はイギリスのコラード・アンド・コラードのレバークという人物だった。

横浜を中心とした外国商社によるピアノやリードオルガンの販売は、以上のような経過をたどって、クレーン、カイル、ドーリング、モートリー、スウェイツなどによって順々に継承されていった。しかし、一九二二（大正一一）年のスウェイツ商会を最後に、外国人による輸入商会は姿を消した。この年、周興華洋琴専製所の大塚錠吉、スウェイツ商会の調律師沢山清治郎が独立して、共同で外国ピアノ輸入商会を開業している。日本人がピアノ輸入を手がけるようになったわけである。

ドーリング商会の閉店

ドーリング商会は、横浜に進出してきたモートリー商会やそれを引き継いだスウェイツ商会、さらに、西川やヤマハなど、日本のメーカーの台頭で、しだいに経営が揺らぎ始め、一九一一（明治四四）年、店を閉じる。工場や店の一切を譲り受けたのが、華僑の周筱生《しょうせい》で、翌年、周興華洋琴専製所を開業する。

一九一二（明治四五）年四月、日本を引き払ってサンフランシスコを訪れたドーリングについての記事が『ミュージック・トレード・レビュー』誌に掲載されている。[*15] そこでドーリングは「日本人《ジャップ》はアメリカの商品の輸入を高くし、自分たちは安いピアノを作る。それは音楽的観点から見ればよくないが、外見に関しては商売上の要求を満たしている」と日本の楽器をこきおろしている。

当時、日本製の楽器が流通するようになり、また、不平等条約が改正されたため、輸入商社のうまみが半減したことがドーリングの言葉からもよく分かる。

六　博覧会と山葉寅楠

洋楽器の出品

一八九〇（明治二三）年に開かれた第三回内国勧業博覧会には、北は宮城県宮城郡塩釜町から、南は大阪市西区に至るまで、一六人がオルガンを出品した。[*16] 最高の二等有功賞を得たのは浜松の山葉寅楠であり、三等有功賞に横浜の西川虎吉と浜松の河合喜三郎（協賛人・山葉寅楠）が入っている。山葉寅楠はこの受賞によって、先行していた西川を逆転して全国のオルガン業者に対して優位に立った。

一方、ピアノで受賞したのは西川と山葉寅楠で、西川のピアノが二等有功賞、寅楠のピアノは三等有功賞である。実は、寅楠はこの博覧会に合わせて、内部一式の部品をモートリー商会から輸入して、木工による外部の箱の部分は自社で作り、それを組み立てて、山葉ピアノとして出品した。

このピアノについて、山葉直吉はのちに「実に精巧に入念なものでしたが、ピアノとしましては誠に働きの悪いものでありました（笑声）しかしながら……外観はとても立派で、私共が悪口に日本式の西洋戸棚といった位です……黒塗りの全面〔マヽ〕の板に向って鳳凰の沈金彫りなんだから」と語っている。[*17]

ヤマハが当初、ケースの部分で勝負していたことがわかる。もっとも、ピアノ部門で山葉寅楠に勝った西川のピアノにしても、主要部品の多くは外国からの輸入品であった。純粋に国産といえるピアノが誕生するまでにはまだ時間を要した。ちなみに、ヴァイオリンの部門では、創業から日の浅い鈴木政吉の楽器が最高位の三等有功賞を得ている。

博覧会の審査報告には、西洋楽器について、ピアノ、オルガン、ヴァイオリンの三種が多く出展されたこと、西洋楽器製作は日本において明治一七年から開始されたので、出品者の数も多いとはいえないが、その割には、良好のものができていると評され、山葉寅楠のオルガン、西川寅吉のピアノはその代表だとされている。しかし、外形だけ真似できても、中身が伴っていないとも評されていた。[*18]

特約店である共益商社はこの受賞を最大限に利用して、早速広告を打ち、山葉のオルガンや鈴木ヴァイオリンの販売を促進した。また、博覧会が終わって間もない九月に創刊された『音楽雑誌』に、寅楠は大広告を掲載し、「皇国多数ノ風琴出品中第一等ノ賞ヲ得タリ」と自慢したのである。実は「一等賞」ではないのだが、出品中一番、という点では間違いではなかった。

浜松からは、寅楠のほかに、土谷市太郎なる人物がオルガンを出品し、最低ランクの「褒状」を得ていた。この土谷の会社は「楽音社」といい、寅楠が養成した職工を引き抜いて、土地の名士が作ったオルガン製造所の中でも、もっとも有力なものだった。

この博覧会で、寅楠が中央では西川、地元では土谷というライバル企業を一蹴《いっしゅう》できたことはその後の事業展開に有利に作用した。浜松の山葉寅楠と名古屋の鈴木政吉は、いずれもこの先、国内外の博覧会をバネにして、進んでいくことになった。

会社の解散

当時はよほどのオルガンブームだったのだろう。一八九一（明治二四）年、出資者の一人が大阪でオルガンの製造を始め、同時に、山葉風琴製造所の解散を画策し、それが社員総会で決議されてしまった。寅楠は苦心して出資金の返済を果たし、再び個人経営に戻ってかろうじて操業を続け、名称を「山葉楽器製造所」に改めた。

寅楠は翌一八九二（明治二五）年には、神戸のモートリー商会を通じて、七八台のオルガンを輸出する。輸出先はロンドンとも東南アジアともいわれるが、いずれにしても、これが国外への輸出の先駆けとなった。一方、経営史研究家の大野木吉兵衛によれば、この輸出は、輸出そのものを発展飛躍させる戦略ではなく、引き換えに新旧ピアノ及び部品を購入し、製作研究に資することが主眼であったという。

この時点で、寅楠はオルガンよりもはるかに利幅の大きいピアノの製造に目標を定めたのである。

日本楽器製造株式会社設立

寅楠は、一八九七（明治三〇年）一〇月、日本楽器製造株式会社を設立する。資本金一〇万円、同年一二月には一二万円に増資。いまや地元の資産家は、白井練一、三木佐助ともども、奮って応募した。ここに、社名は日本楽器製造株式会社となり、ブランド名がヤマハとなった。従来の工場から少し離れた板屋町に新工場を建設し、翌年一月、本社をここに移すとともに、社章を「音叉《おんさ》」、製品の商標を「音叉をくわえた鳳凰図」と定めた。

山葉寅楠と鈴木政吉

山葉寅楠は鈴木政吉の八歳年上で、「お前は俺の弟であると思っている」と言って政吉に親切にした。その友情は寅楠が一九一六（大正五）年に亡くなるまで続いた。

一八九一（明治二四）年か一八九二年（明治二五）年頃、政吉が浜松の山葉の家を訪れた際に、よもやま話の中で、寅楠が数え一八歳で大阪に出たときに、饅頭屋の売れ方に目をつけて、その秘訣を尋ねて聞き出したというエピソードを聞いて、政吉は寅楠の非凡さに敬服した。そのとき寅楠は政吉に、「お互い新事業をやる以上は、こういう薄利多売主義をどうしても十分に研究をし、勉強もしなければならん。お互い大いにその方針でやろうじゃないか」と政吉に勧めたという。[*19] 寅楠と政吉は、共に、明治時代、新しいビジネスモデルを積極的に取り入れて、西洋楽器産業を発展させようと努力した。

次節で詳述するが、一八九九（明治三二）年、山葉はアメリカに視察旅行に旅立ち、そのときに、鈴木政吉からヴァイオリンを委託されている。一九一〇年、日英博覧会に鈴木政吉が渡英するにあたっては、逆に、寅楠は政吉に楽器店への売り込みを依頼している（後節参照）。

七　山葉寅楠のアメリカ視察

一八九九（明治三二）年四月、山葉寅楠はアメリカの楽器事情を視察・調査するために、文部省の嘱託として単身旅立った。浜松駅出発の際、町民の華やかな打ち上げ花火で送られた寅楠は、出港前の五月二日、伊澤修二の家に挨拶に赴いている。伊澤は今回の訪米を推挙してくれた大御所だった。その後、五月一三日、日本郵船の金州丸で横浜を出発した。

このときに、寅楠が残した日記は、大野木吉兵衛が全文を解読し、解説をつけて刊行したことで、寅楠のアメリカでの活動の全貌がつかめるようになった。[*20]

鈴木政吉（1903年）
鈴木バイオリン製造株式会社蔵

寅楠はホノルルを経て、五月二九日にサンフランシスコに到着。サンフランシスコからシカゴに行き、そこで一〇日間過ごしたのち、ニューヨークに行き、帰りは逆のルートでサンフランシスコに戻り、そこを九月一二日に出航。ホノルルを経て、帰国した。

その間、寅楠は通訳を雇い、工場視察と部品購入を積極的に行った。

大野木はアメリカで寅楠が買い付けたものをまとめて

いるが、ピアノ、オルガン、ピアノ・オルガンに共通する機械・工具類塗料などが、それぞれ三分の一ずつを占めている。ピアノはモデル用一台、オルガンはモデル用三台を購入し、そのほかに多額の部品を購入。なかでも、ピアノについては、YAMAHAのネーム入りのフレーム、アクション等、日本で自作できない部品を大量に買い付けた。特に、寅楠はスミス木工機械会社で多数の製造機械を購入し、さらには日本の競合他社に同種の機械が販売されないような契約まで締結している。

モデルとして買い付けた楽器については、オルガンは、有名なメーソン・アンド・ハムリン社製の三台、総額五七三ドル八〇セントという値段で買ったのに対し、ピアノは一台だけ、ニューヨークでシーボルト・メニッグという個人のピアノ製造家から二四五ドルで購入したのみである。大手のピアノメーカーの製品は一切購入していない。

寅楠がアメリカで見学したピアノ・オルガン工場

寅楠がアメリカを訪れた当時、ピアノ・オルガン製造の中心はニューヨークとシカゴだった。寅楠はおよそ三か月あまりの滞在中、数多くのピアノ・オルガン工場を見学している。ここで、寅楠がどのような会社に行き、何を見たのか、追ってみよう。

まず、シカゴでは、以下のメーカーを訪ねた。

リオン・アンド・ヒリー　一八六四年創業。シカゴでも古い会社だった。六月一二日見学。寅楠の日記には、ここではパイプオルガンのほか、弦楽器も製造しており、得るところが二、三あったと書かれている。

ジョージ・P・ベント　一八七〇年創業。六月一三日見学。マンドリン、バンジョー、ギター、ピアノの四種の音がペダルで出るアクションを備えたピアノ、オルガンを製造しており、その発明者と面会。

ピアノ、オルガンの製造の様子を見学し、得るところが少なくなかった。やはり分業システムで外注部品を組み立てているといえる。オルガンの組み立てについては、特に変わったところはなかった。

キンボール　一八五四年創業の老舗である。ピアノとオルガン製造。六月一四日見学。工場監督者の案内で見学したが、多くは荒仕事のところを見せ、細かい作業の部分は見せなかった。この会社では、アクションも、針金巻［ピアノの低音部ではミュージックワイヤーという極めて純度の高い鋼の線を芯にして、周りにグルグルと銅の線を巻きつけたいわゆる巻線を張る。この作業のことだと考えられる］も行っている。注目されるのは、寅楠が、製造は非常に盛んだが、「駄もの」の製造で、上等の品は見ないと手厳しい批評をしていることである。一日にピアノ四〇台、オルガン七〇台を生産しているといわれたが、寅楠の見るところでは出来高はその半分くらいかと推定している。

以上、寅楠はシカゴでピアノ工場を三、四か所見学したが、職工が実によく働き、日本の職工は遠く及ばないと観察している。

その後、シカゴからニューヨークへ汽車で旅し、その途中ナイヤガラの滝を車中から見物したりしている。その列車の一人旅の途中、寅楠は言葉が通じず、唯一通じたのがコーヒーとステーキであった。アイスクリームは隣りの席の人に持ってきたものを指さして、持ってきてもらった。車中、寅楠は日に三度、ビフテキとアイスクリームを食べた。

ニューヨークに着いて、寅楠は、再びピアノの工場や部品工場の視察を開始する。

ウェッセル・ニッケル・アンド・グロス　楽器部品会社である。六月二七日に訪問し、穴を開けるボーリング・マシンなど、さまざまな機械を初めて見る。

ゲーベル　六月二七日に訪問し、社長と面会する。専門の製品を集めて製造するには、まず自分で製品の形状寸法等を案出した後に専門家に依頼するのであって、単に専門家に丸投げするのではない、ということを聞いて、大いに納得する。
アメリカン・フェルト　六月二八日、六月二九日の両日訪問し、ゴム引布、ピアノ足車、オルガン足車、フイゴバネ、その他を購入する。
メーソン社　有名なメーソン・アンド・ハムリン社である。六月二九日に訪問し、オルガン三台購入している。
ウェーバー・ピアノ　七月一三日、木工場のみ見学。
ストリック・アンド・ザイドラー　七月一七日見学、「非常に小さく、見るべきものなし」と寅楠は記している。
スタインウェイ・アンド・サンズ　七月一八日見学。時間に遅れたために、半ば職工たちは休業で、寅楠は非常に残念だったと書いている。「しかし、だいたい見たところ異なるところはない。シカゴのキンボール社と比較すればずっと小規模である」とも書いている。
エキャンベルコンパニー　ピアノ会社。七月一九日、一巡見学。「異なるところなし。非常に小さい」。このほか、八月一六日には、楽譜買い入れの調査にカール・フィッシャー、シャーマー両社を訪れている。
ニューヨーク滞在中の七月六日、『ミュージック・トレード』誌を購入し、通訳の米田庄太郎に読んでもらうと、なんと、自分のことが掲載されていた。内容は、『ジャパン・タイムズ』からの転載で、学校のオルガンを修繕したことがきっかけで楽器工場を持ち、いまでは一か月二〇〇台（実際には二〇〇台）のオルガンを製造していることなどが紹介されていた。成功の理由は日本にヒメコマツなど木材が多いからだとされていた。
　あまりの強行軍が祟《たた》って、寅楠はニューヨークで体調を崩し、座骨神経痛を発症し、熱と痛みに苦しむが、どうやら所期の目的を達成し、帰国の途に就いた。

鈴木政吉から預かったヴァイオリン

　今回のアメリカ視察に際して、寅楠は政吉からヴァイオリンを預かって赴いていた。ところが、サンフランシスコ到着時に税関でひっかかってしまう。関税がいくらかわからないということで、税関で留め置かれたのである。寅楠は通訳と共に税関にヴァイオリンを引き取りに行き、無税にしてもらおうとするものの、うまくいかず、出直すことになった。その後、ようやく寅楠はヴァイオリンを受け取り、ニューヨークに送るが、その運送料が高いことにも驚いている。[*21] 創業およそ一〇年にして、政吉は海外輸出の方法を模索していた。こうした積極的な姿勢は寅楠と相通じるものがあり、二人はこののちもお互い、便宜を図ることになった。

八　寅楠渡米の衝撃

西川安蔵のアメリカ滞在

　一八九九（明治三二）年の山葉寅楠のアメリカ視察は同業他社に大きな衝撃を与えた。西川楽器の創業者、西川虎吉は翌一九〇〇（明治三三）年、養子の安蔵をアメリカに派遣した。安蔵は一八八〇（明治一三）年生まれで、一五歳のときに見習い職工になり、中風で仕事ができなくなった養父、虎吉の後を継いだ。

安蔵は、ニューヨークのエステー社でピアノ製造を一年六か月、ブラットルボロのエステー社でオルガン製造を六か月、合計二年間修業した。エステー社は、オルガン工場とピアノ工場が別の場所にあり、一八六六年、オルガン工場がブラットルボロに創業され、最初から月産一八〇〇台のオルガンを生産し、世界中に輸出していた。その後、一八八五年、エステーピアノ社が組織され、ニューヨークに大規模な工場が建設された。エステーピアノ社の支店はニューヨーク、セントルイス、フィラデルフィア、ボストン、シカゴ、イギリスのロンドンなどに置かれていた。

安蔵はアメリカから帰国する前に『ミュージック・トレード』社を訪問したことが、同誌の一九〇四年五月一四日号に掲載されている。

数年前に聡明そうな日本人《ジャップ》が本社を訪れた。彼は教育があり、英語を流ちょうに話し、自分は遠い日本でこの雑誌の読者で、ピアノ作りを学ぶためにアメリカに来ようと決めたと話していた。この国で経験を積んだのち彼は帰国し、いまは、オルガン製造者の父と一緒にピアノを作っているとのことだ。彼は訪問時に、中国やフィリピンやさらにはサンフランシスコの貿易のためにピアノを作るつもりであると述べていた。

アメリカでピアノ製造を実地で学んだ安蔵は、帰国後、西川楽器の大黒柱として活躍し、工場を発展させたが、一九一九（大正八）年に急逝し、その後、西川楽器はヤマハに買収されてしまうことになる（後節参照）。

松本新吉・広のアメリカ滞在

西川風琴製造所に勤務して、そこから独立したのが、松本新吉（一八六五〜一九四一）である。千葉県君津市、西川虎吉の生家の隣りに生まれた松本新吉は、西川虎吉の姪と結婚したので、虎吉とは義理の叔父と甥の関係だった。しかし、数年で西川虎吉に解雇され、独立することになった。一八九五（明治二八）年、東京新湊町でオルガン製造を開始する。松本は日本楽器と西川に続く第三のメーカーとなった。

松本新吉も一九〇〇（明治三三）年六月から一二月までアメリカに渡り、ニューヨークのブラッドベリー社でピアノ製造を学んでいる。[*22]

松本新吉は日本で試作したピアノに満足できず、メソジスト教会の伝手をたどってアメリカに渡った。文部省嘱託としてアメリカに視察に行った山葉寅楠とは違い、資金も乏しい中での渡米だった。彼はシカゴに到着した七月一七日から、ピアノ工場での修業を終え、ニューヨークを出発する一〇月二六日まで、小さな手帳に日記をつけている。この日記から、アメリカ滞在中に彼がどのようにピアノ作りを修業したかが分かる。

松本新吉は、七月二七日まで滞在したシカゴで、ハメリヨンオルガン製造所、クラウンピアノ製造所、キンボール社などのいくつかのピアノ工場、オルガン工場を見学し、その後ニューヨークに向かった。

渡米時の松本新吉
『松本ピアノの歴史』

ニューヨークではジャパニーズミッション（日本人のためのマンハッタンメソジスト伝道所）に泊まっていたが、八月二七日、突然そこにブラッドベリーピアノ社の社長、F・G・スミスが訪ねてきて、松本新吉の運命が開けた。スミスがメソジスト教会の信者であったことから、新吉に救いの手を差し伸べてくれたのである。

ヤマハの創立10周年記念祝賀会（浜松：1908年11月17日）
前列左から２番目が島崎赤太郎、３番目が山葉寅楠、４番目が寅楠夫人（のぶ）、その隣りに伊澤修二、一番右が小山作之助、夫妻の間に映っている二列目の人物が四代目三木佐助。その左隣りが共益商社の白井練一、右隣が河合喜三郎。白井練一の左隣りが山葉直吉。後列左から３人目が河合小市。
『三木楽器史』

七三歳のスミスは松本新吉に親身になってピアノ作りを教えた。新吉は工場で、塗磨き、響板、アクション取り付け、張弦、調律まで、ピアノ製作工程を一通り修業した。渡米前に日本で身に着けていた調律技術には、工場で拍手が送られたという。スミスは必要となればいつでも証明書を与えるとも言ってくれた。

こうして、松本新吉はピアノ工場の中に入って、ピアノ作りをつぶさに学ぶことができた。彼はブラッドベリー社での修業を終えた後、『ミュージック・トレード』誌のインタビューを受け、写真入りの記事が同誌一一月二四日号に掲載された。その中では、「スミス氏とブラッドベリー工場長は、松本新吉氏の才能が最高のものと語っている」、「彼の製作したピアノは、将来、中国やフィリピンの中流家庭への販売も開けるものと松本氏は確信している」と書かれている。また、松本新吉がアメリカを離れる前にブラッドベリーとウェブスターピアノ、及び、ペンシルバニア州レバノン市のミラーオルガンと総代理店契約を締結したとも記されている。

なお、記事に「アメリカのピアノ製造業界は東洋におけるピアノ製造開始を興味深く見守っている」と書かれているのが興味深い。

松本新吉は帰国後、妻るいを亡くすなど苦労するが、一九〇三（明治三六）年春、築地工場で完成した

「五八鍵のベビピアノ」を第五回内国勧業博覧会に出品し、ヤマハピアノと並ぶ最高位二等賞を受賞。その後は、ピアノ作りが主体となっていく（後節参照）。

新吉は、長男広にもアメリカで修業をさせた。広は一八八九（明治二二）年生まれ。一九〇五（明治三八）年一七歳で渡米し、ブラッドベリー、パーマー、リバース・アンド・ハリスでピアノ作りを修業し、一九〇八（明治四一）年一一月に帰国した。

寅楠のアメリカ視察に刺激されて、西川や松本もアメリカへ赴いたが、決定的な違いは安蔵や新吉父子が特定工場で本場のピアノ作りの技術を習得しようとしたのに対し、文部省の嘱託であった経営者の寅楠は多くの工場を訪れ、見学と部品類の購入とに奔走したことである。どの会社も山葉寅楠には肝心な部分は見せなかった。西川や松本は、その点、実地でアメリカのピアノ作りを学んだ。その違いは、彼らの立場の違いとも関係している。

いずれにしても、二〇世紀初めの日本のピアノ会社である、ヤマハの山葉寅楠、西川楽器の西川安蔵、松本楽器の松本新吉・広が、ヨーロッパではなく、いずれもアメリカをめざしたことは興味深い。このの ち、日本のピアノ製造はアメリカをモデルにして発展していく。また、ピアノ製造へ乗り出した日本人に対する関心が、当初からアメリカで強かったことも注目される。

第三章　国産ピアノ生産開始

一　国産ピアノ第一号

一九〇〇（明治三三）年一月末、山葉寅楠がアメリカ視察の際に買い付けた材料が日本に届くと、それを使ってヤマハでは下半期にアップライトピアノを製作。これが、響板を自前で作ったことから国産ピアノ第一号とされている。「第一号カメンモデル一〇〇一番」である。

「響板」は、弦の振動を増幅する働きをするもので、ピアノの音の心臓ともいわれ、最高品質のスプルース材が使われる。節《ふし》はどんな小さいものでも許されず、木目は柾目でまっすぐ流れていなければならない。日本では戦後まで北海道のアカエゾマツが使用されてきた。この響板をヤマハは自前で作ることに成功したのである。

「カメンモデル」の「カメン」とは、アメリカのニューヨークで一八五〇年代に設立されたCARMAN社のこと。山葉（旧姓尾島）直吉の残した「ピアノ製造出荷考」に「立形ピアノ米国カメン社製品にして当社見本に使用せしむものなり金六二〇円也」という記載があり、六二〇円で購入したこのアップライトピアノをモデルにして、「カメンモデル」を作ったことがわかる。[*1]

翌年、ヤマハは文部省、農商務省の両省にピアノを納入した。これはヤマハと官公庁の緊密な関係を物語っているが、同時に官公庁のヤマハに対する期待も読み取ることができる。さらに、一九〇二（明治三五）年には、グランドピアノの第一号が完成し、宮内省に納入された。同年、教育及び工業上の功績に対し、山葉寅楠に緑綬褒章が授与されている。

しかし、ヤマハにおけるピアノ製造は順風満帆で進んだわけではない。それはこの会社のピアノ生産台数の推移を見ればよく分かる。一九〇〇年にわずかに年産二台、一九〇一年に年産六台、一九〇二年に年産八台、と微々たる伸びで、生産量が三桁の一一七台に達するのは、一九〇七（明治四〇）年のことである。

オルガンがピアノ製造を支える

ヤマハのピアノ製造は軌道に乗るまでに時間がかかった。その間、ピアノ作りを支えたのはオルガンの販売利益だった。

ヤマハ「カメンモデル」

ヤマハはニーズに合わせたさまざまな種類のオルガンを製造した。たとえば、通称「腰巻オルガン」と呼ばれた、女性教員の足元が見えないように布地で裾を覆った「大和オルガン」などが作られた。さらに、国内販路拡張のため、御詠歌用と寺院用のオルガンも作っている。御詠歌用は黒鍵の数を増やし、詠者の声の高低に合わせて音符盤を移動し、適当な基音を定めて奏詠しやすいように工夫してあった。寺院用は外観に特徴があり、最上のクルミ材を用いて黒塗りに金をあしらい、仏教儀式にふさわしいものとしていた。[*2] また、インド向けの各種ベビーオルガンなども作られていた。

その間、山葉寅楠は高弟と共に、夏には汗がピアノ線に滴り落ちるのを嫌って、昼夜転倒の生活を続けながら、ピアノ製造の研究に取り組んだ。[*3] しかし、ピアノの製造が軌道に乗ると、山葉寅楠は山葉直吉と河合小市という二人の弟子に現場を任せるようになった。

山葉直吉（一八八一〜一九三八）は旧姓尾島、一八九〇（明治二三）年一月、九歳で入社した。[*4] 直吉の実父の尾島彌吉は三味線の名手で、寅楠はオルガン作りを始めてから音色と音程に関してつねに相談していた。直吉は寅楠の高弟としてピアノ作りに携わり、初代ピアノ部長となった。一九〇三（明治三六）年、寅楠の姪《めい》春子と結婚して、山葉直吉となった。彼は、門下から多くの優秀な技術者を輩出した。

一方、河合小市（一八八六〜一九五五）はのちに、河合楽器製作所（カワイ）を創業することになる人物である。車大工の息子として生まれ、手先の器用さとひらめきは天性のものだった。一八九六（明治二九）年、小学校四年を卒業すると小市は入社し、みるみる頭角を現していった。一九〇六（明治三九）年、小市はピアノアクションを完成する。ヤマハではピアノ各部品の内製化を進めていたが、自社製のオリジナルアクションを開発できた意義は大きかった。

山葉寅楠のモットーは純国産主義で、一八九六（明治二九）の『音楽雑誌』で、「私はオルガン製造を志してから、いまだに一人の外人も雇わず、一回も外人の教えを受けず、独力で幾多の困難を経て今日の基礎を固めた」と述べている。[*5] それはピアノ製造においても一貫しており、アメリカから機械や部品は買い付けても、外国人技師を雇おうとはしなかった。

一九〇二（明治三五）年三月、ヤマハは工場から出火、事務室、工場一二棟が焼失し、大きな損害をこうむったが、山葉寅楠はただちに工場を再建した。山葉直吉は、焼け出された時に、寅楠から「ことここにおよんでは仕方がない、今日だけはゆっくり休め」と言われたのが長い間の一生を通じてたった一度あっただけだった、寅楠が率先して働いていたので、弟子たちもじっとしてはいられず、自然よく働いたと述懐している。[*6]

二　第五回内国博覧会での褒賞

日露戦争の前年、一九〇三（明治三六）年三月一日、初めて大阪の天王寺で第五回内国勧業博覧会が開幕した。この博覧会はこれまでの内国博の規模を大きく上回り、入場者数も激増した。また、海外からの参加、植民地展示、多数の余興の挙行など、それまでになかった要素が加わった。

ヤマハのピアノ

今回、「西洋楽器及びその付属品」の部門には一〇七点が出展され、そのうち六九点が楽器だった。ヤマハはピアノ部門で二等賞、オルガン部門で一等賞を受賞した。

ピアノの出展は全四点、うち三点はヤマハの出品で、グランドピアノが一台、アップライトが二台だった。審査報告書ではいずれも「製作堅牢、形容端麗」であるとされ、グランドピアノについては、値段が三五〇円と安く、「音調雅正、音量円満」で、ほとんど非難すべき点がない優れた品であるが、アップライト二台については、音響が少々劣ると評価されている。*7

松本新吉の「べビピアノ」

出展されたもう一台のピアノは、松本新吉が出品した小型アップライトピアノ「べビピアノ」だった。

一九〇〇（明治三三）年に渡米し、ブラッドベリー社で修業した松本新吉は、先述したように、帰国直前に『ミュージック・トレード』誌のインタビューを受けた。*8 その記事の中で、「松本氏はアメリカのピアノをモデルとして、日本の顧客に適したサイズのピアノの製作を考えている」「松本氏が製作予定のピアノは日本の家のサイズを考えると、アメリカ式のピアノは向かず、五オクターブのピアノに限定されることになろう」と書かれていたが、松本新吉はその考えを実行に移したのである。

松本新吉の「ベビピアノ」について、博覧会の報告書では、「これは子女のために家庭に据え、または唱歌教授用として普通学校の教室に備えるために作られたものである。音域は五八音で一般の大きさには合わないが、品質はしっかりしていて価格は安く、形は小さく重さは軽い。目的に応じており実用に適している」と称賛され、ヤマハの出品したピアノと共に、最高位の二等賞を得た。[*9]

松本新吉はアメリカから帰国したのち、一九〇一（明治三四）年から築地工場でオルガンを作りながら、第五回内国博覧会にピアノを出展する準備を始めた。一〇年後、『音楽』に掲載された記事の中で、そのことを思い返して、次のように述べている。[*10]

ピアノは、去る三五年、大阪博覧会の開催を機として、私は小学校の教科用として、わざと小型のものを作って出品した。というのは、外国人は、多く小型のピアノを用いている。富の程度の低く、かつ、その方面の知識に乏しい日本には、やはり、小型が売れるだろうと考えたからであるが、結果は、予期に反し、誰一人目を掛けてくれる者がなかったので、やむをえず、日本にいる外国人の貸ピアノに利用した。

とはいえ、内国勧業博覧会が終わると、松本新吉の工場ではピアノ作りが主体になり、翌一九〇四（明治三七）年夏までの約一年間でピアノを一〇台あまり製作した。当時の松本ピアノの広告には、ベビピアノ（六一鍵）二機種（一五〇円、一八〇円）、松本ピアノ（八五鍵）八機種（二八〇円～五〇〇円）と書かれている。

オルガン部門の一等賞

さて、第五回内国勧業博覧会の洋楽器部門に話を戻そう。オルガン部門には三一点の出品があり、ヤマハが一等賞を得た。「製作している各種オルガンは外国品多数のものに譲るところがないところまで来ている。国内外で需要が日ごとに増しているのも当然である」という評である。東京都の松本新吉や安井靖など五名が出品したオルガンは特色を異にするが、それぞれ見るところがあると評価され、松本と安井は三等賞、ほかの三人には褒状が与えられた。

ヤマハに次ぐ西洋楽器工場を運営していた横浜の西川虎吉は、この博覧会には出品していない。息子の安蔵がちょうどアメリカでの修業中で、不在だったため、それが不参加の理由だったのかもしれない。

しかし、オルガン部門でのヤマハの一等賞は明らかに別格であった。第五回内国博覧会において、本邦楽器、西洋楽器、明清楽器の三部門に分類された楽器部門の中で、一等賞を得たのはヤマハのオルガンだけだったからである。

二等賞には、ヤマハの出品したピアノと松本新吉が出品したピアノのほかに、鈴木政吉のヴァイオリン、ヴィオラ、チェロが入っていた。鈴木政吉が得た二等賞は、ヴァイオリン部門としては最高位だったが、その翌年、一九〇四年、アメリカのセントルイスで万国博覧会が開かれた際、鈴木政吉は出品することができなかった。それまで、万博への出品希望者が多すぎて、絞り込みに苦労していた政府は、今回の出品方針で、それぞれの部門に出品できるのは、第五回内国勧業博覧会の一等賞のみと決めてしまったからである。そのため、鈴木政吉はセントルイス万博へ出品する道を最初から閉ざされてしまった。一方、ヤマハのオルガンは第五回内国勧業博で一等賞を受賞したため、出展が可能だった。出展の道を閉ざされた鈴木政吉の無念は容易に想像できる。

三　万国博覧会へのピアノの出展

二〇世紀を迎えた頃、ヤマハはヴァイオリンの鈴木政吉と共に、国内で開かれる博覧会の常連で、出展すると褒賞を総なめにする状態に達していた。*11

そんな中で、一九〇四年、ヤマハは世界を相手に万博デビューを果たす。アメリカのセントルイスで開かれた万国博覧会にピアノを出展したのである。

セントルイス万博（一九〇四年）

一九〇四年にセントルイスで開かれた万国博覧会は、日本が初めてピアノを出展した万国博覧会となった。この博覧会はアメリカによるフランスからのルイジアナ購入一〇〇周年を記念して開催されたもので、世界四四カ国から約二〇〇〇万人が参加し、それまでで最大規模の万博となった。

楽器製造コンクールのピアノ部門では、アメリカのシンシナティのボールドウィン社が最高の賞を獲得した。ボールドウィン社の創立者ドワイト・ハミルトン・ボールドウィン（一八二一～一八九九）はピアノ教師からピアノ製造に転身した人物で、没後の翌年開かれた一九〇〇年のパリ万博のピアノ部門では、アメリカのメーカーとして初めてグランプリを獲得し、注目を集めていた。

日本政府は日露戦争中であったが、積極的にこの万博に参加し、従来万博に出品していた美術工芸品に加えて、教育制度に関する展示や工業製品も数多く出品し、近代化の進む社会を印象付けようと試みた。その中にピアノとオルガンも含まれていた。実際に楽器セクションに出展したのは、浜松のヤマハだけであるが、出展されたグランドピアノＡ一号とオルガンは共に名誉銀牌を受賞した。[*12] この時の現地の『ミュージック・トレード』誌には、「ヤマハのグランドピアノは小ぶりで、音域は七オクターブである。音色はやせていて、アメリカ人の耳にはつまらないが、不快ではない。ケースは黒く塗られ、磨かれている。横の面には金色で日本の装飾がステンシルで書かれている。その他の点では、オルガン同様、この国で作られた、楽器のものまねの模倣品である」と批評されている。[*13]

シアトル・アラスカ・ユーコン太平洋博覧会（一九〇九年）

一方、アラスカ・ユーコン太平洋博は一九〇九年アメリカのシアトルで開かれた博覧会である。三七〇万人が来場したが、国外から参加したのは日本とカナダだけだった。シアトルは当時、アメリカの太平洋岸で、最も排日運動が激しかった都市だが、日本陳列館が開館すると、その優れた内容を見て、対日感情が好転したという。

楽器セクションでは、鈴木ヴァイオリンとヤマハが共同で展示場の一等地を確保していた。[*14] 今回、ヤマハが出品したアップライトピアノとオルガンが、それぞれ名誉大賞金牌を受賞した。ピアノの外装は蒔絵技法を使った梨子地塗であった。また、鈴木ヴァイオリンも金牌を受賞した。

国際審査員としては日本から一六名が参加していたが、楽器の審査には加わっていない。それだけに一層、日本の洋楽器メーカーの受賞が光る。

この博覧会に出展するに当たって、山葉寅楠と鈴木政吉が共同でブースを借り、準備していたことが、寅楠の手帳に記載されている。それによれば、寅楠は一九〇九（明治四二）年一月二八日、東京で開かれたユーコン米国博総会に赴き、楽器展示用の場所を請求。二月九日、名古屋で政吉を呼び出し、博覧会の相談。展示等は寅楠に一任されることになった。翌週の二月一六日、寅楠は東京の農商務省に赴き、陳列の図面を提出。二月一九日、ユーコン博での陳列の一等地を、変更代金なしで手に入れる。「鈴木政吉氏を呼び、話せば大歓喜なり」とある。さらに、三月一八日、ユーコン博陳列所、高さ二・五間《けん》、広さ二間×八間、借用料八五円八〇銭という記載があり。展示スペースを借りるのにこれだけの費用がかかったわけであるが、一等地を得て、成績も良く、二人は満足したと思われる。

日英博覧会（一九一〇年）

名古屋で第一〇回関西府県連合共進会が開かれていたのとほぼ時を同じくして、ロンドン西郊シェパーズ・ブッシュのホワイト・シティで日英博覧会が開催された。会期は一九一〇年五月一四日から一〇月二九日までの約五か月半だった。日英博覧会は万国博覧会などの国際博覧会とは異なり、日英二か国の共催で、実質的にはイギリスにおける日本博覧会という色彩が強かった。日本はイギリスのおよそ二倍の展示物を出品し、日本庭園を造り、柔術や相撲、祭りその他のイベントを企画した。さらに、日本古美術のコレクションの展示も非常に充実していた。

今回、日本から楽器部門に出品したのは、東京の松本楽器、浜松のヤマハ、名古屋の岡野善吉、鈴木政吉、大阪の高野幸助、植村小七で、和楽器と洋楽器の両方が展示された。審査の結果、ヤマハと鈴木政吉が名誉大賞を得た。オルガンとピアノを出品したヤマハと、弦楽器二八点、五六個を出品した鈴木政吉が名誉大賞を受けたことは画期的なことだった。ちなみに、ピアノは七宝《しっぽう》蒔絵仕上げだった。

日英博覧会でも、アラスカ・ユーコン博覧会の時と同様に、ヤマハと鈴木ヴァイオリンは同じブースに出品していた。鈴木政吉は日英博覧会愛知出品同盟会常務委員を務めていた関係で、ほか四人と共に渡英した。政吉は「文部省嘱託」という肩書きを得て、一九一〇年三月に敦賀港を出発し、四月一〇日にロンドンに到着、イギリス各地、フランス、イタリア、オーストリア、ドイツ、ベルギーを視察して、八月一日ロンドン発、シベリア鉄道を使い、同月一七日に敦賀に着き、一八日の午後、名古屋に戻った。

その際、山葉寅楠は鈴木政吉に委任状を渡し、イギリスの楽器商、及びドイツのピアノ線の製造会社との交渉を依頼していることが注目される。その中で、寅楠は「今回の出品は特に販路を拡張し、実利を収めることが目的である」とはっきり述べ、具体的な取引条件を提示している。[*15] それによれば、英国の「最も信用ある」楽器商に対しては以下の内容だった。すなわち、ピアノとオルガンの一品あるいは二品について一五〇〇ポンド以上注文するならば特約販売者とすること。販売区域はイギリス本国とアイルランドで、イギリス領は含まない。割引は定価の三割八分。船便の代金は折半。二年契約で、一年半経過した時点で契約の延長・解除を協議する、というものである。

一方、ドイツのミュージックワイヤーの製造会社に対しては、ヤマハが特約販売する条件を以下のように示している。すなわち、品質は最優等で最低価格、販売区域は日本と日本の領土、二年契約で、一年半経過した時点で契約の延長・解除を協議する、注文高は一年につき何千何百円を下回らないこと、というもので、数量を交渉できるようになっている。

大野木によれば、ヤマハについては、その契約が結局どうなったのかは不明だが、政吉は訪英時にロンドンのマードック商会とヴァイオリン輸出の特約を結び、その四年後に始まった第一次世界大戦の際の輸出ブームのきっかけを作ったという。寅楠、政吉ともに、日英博覧会を販路拡張の機会として捉え、現地の楽器商やメーカーと交渉していたのである。日英博覧会が開かれていた一九一〇（明治四三）年、山葉寅楠は共益商社の買収に踏み切り、自立した楽器メーカーとして世界を視野に入れて活動をさらに活発化させる。

後述するように、山葉寅楠はこの段階ですでに世界戦略を立てて、万国博覧会での受賞を武器に、積極的に海外進出を試みていた。日本における洋楽器生産は、洋楽そのものの受容よりも、はるかに早く発展していたのである。

四　国内市場を握ったオルガン・ヴァイオリン

一九〇四（明治三七）年に発行された東京商業会議所編纂になる『保護政策調査資料』をひもといてみると、その時点ですでに、洋楽器の中では、オルガン、ヴァイオリン共に、国産品が輸入品を完全に抑えていたことが分かる。この『保護政策調査資料』は、国内産業を保護奨励する政策の提言のため、全国の商業会議所の連合会が調査を行ったもので、調査結果をまとめたのが、東京商業会議所であった。この中で「楽器」の調査を担当したのは、同会議所議員、服部金太郎（一八六〇〜一九三四、時計メーカー、セイコーの創業者）であった。彼は一般西洋楽器の需要が増加して、家庭の必要品と認められるようになってきていること、オルガンに関しては、輸入は途絶し輸出も多少あること、ヴァイオリンに関しては上等品を除けば概して内地製造品が使用されるようになっていることを述べている。一方、ピアノに関しては価格も安くなく、まだ一般の需要も少ないために、国内での製造を試みる者も少なく、主として舶来品が用いられているが、「本品のごときは一般公衆の家庭における音楽上趣味の発達すると共に、将来最も有望なる物品というべし」と考察している。[*16]

服部金太郎の予想通り、この後実際に、日本はピアノ生産国への道を歩むことになるが、ヤマハはまず、オルガン輸出から動き始めた。

五　山葉寅楠の大陸進出

ヤマハの輸出攻勢

一九〇四（明治三七）年当時、ヤマハのオルガン年産台数はすでに七〇〇〇〜八〇〇〇台にまで成長していた。この頃、清国《しん》の上海、天津などに支店を設けるほか、韓国や欧州、豪州方面への輸出も試み、オルガンの年間輸出数は五〇〇台に達していたという。[*17] 輸出や在日外国人向けのカタログ類も盛んに作られるようになった。

山葉寅楠は三井系の財閥の後押しの下で販路の拡張を進めていく。寅楠は一九〇五（明治三八）年七月五日付で、農商務省から木工製品の販路・原料調査を命じられ、清国、韓国を訪問後、満州（現中国東北部）へ赴いている。

その後、一九〇八（明治四一）年一月には大連支店を設置して、大陸進出への足がかりとした。大連支店の組織は営業、商品、木材の三部から成り、楽器販売のほか、三井物産や髙島屋と提携して軍部、満州鉄道関連の土木、建築、家具、室内装飾の請負、さらには満州全域を市場とする食器や什器類の販売も手がけていた。

寅楠が残した日記から、一九〇八（明治四一）年と翌一九〇九（明治四二）年、それぞれ約四〇日間、大陸での視察を行っていたことが分かる。[*18] 当時、三井物産大連支店長を務めていた箕輪焉三郎《みのわえんざぶろう》は寅楠没後の一九二四（大正一三年）にヤマハの取締役に就任することになる。

一九〇八年五月二八日の日記には、現地の教育品を販売する店に行き、筆談で自分が山葉オルガン製造者だと書いたところ、店員が非常に驚き、しきりに楽器の値段を尋ねるので、三井物産で通訳を借り、商品カタログを持って、再訪した。店員はカタログの肖像写真と山葉寅楠の顔を見比べ、色々話し合った末、定価一〇〇円のものは八割五分掛けで、一二号オルガン一台、一号オルガン六台の注文を受けたとある。

つまり、当時の大連の教育用品販売店で、山葉オルガンはすでにかなりの知名度を得ていたのである。

翌一九〇九（明治四二）年の大連出張では、途中で上海に出向き、木材の買い付けや楽器の販売契約を行った。上海といえば、モートリー商会の本拠地である。帰路は京城（現ソウル）を視察し、釜山で楽器の販路を拓いた。

寅楠の残された日記は、業務日誌のようなもので、一九〇七（明治四〇）年一一月二四日から一九〇九（明治四二）年八月二九日まで記載されているに過ぎないが、積極的な大陸進出の様子がそこから浮かび上がる。

寅楠は上海に楽器工場を建設する計画を立てた。大野木によれば、上海のモートリー商会で技術を習得した中国人が、競って寅楠に合弁を申し出たという。しかし、第一次世界大戦の勃発や寅楠自身の健康状態の悪化もあり、これは実現しなかった。

一九一〇年インド及びオランダ領東インドにおける楽器需要

アメリカの領事報告については、別項で扱うが、日本の外務省も楽器輸出に関してまったく無関心であったわけではない。日本でも領事報告『通商彙纂《いさん》』が刊行されていた。一九一〇（明治四三）年七月五日発行号には、「インド及びオランダ領東インドにおける楽器需要」という項目があり、同地での楽器の需要の状況や輸出の可能性について詳しく書かれている。オランダ領東インドは、ほぼ現在のインドネシアに当たる。

インド編に記載されているのは、インドとムンバイにおける過去五年間の楽器と付属品の輸入国別リスト、ピアノの需要、需要の多いピアノの製造会社、ムンバイの主要楽器販売店、日本製のピアノやオルガンを売る際の注意事項である。インドが輸入したピアノは「普通品」については製造会社ではなく輸入販売店の名が書かれるため、日本の会社名はスウェイツ商会となっている。実際、スウェイツ商会では、組み立てピアノを作っていたし、地元横浜の西川の楽器も扱っていたかもしれない。ヤマハに関しては、インド向けの各種ベビーオルガンが作られていたことから、スウェイツ商会はヤマハとも取引があったと考えられる。寅楠の手帳には、一九〇八（明治四一）年三月一七日に横浜を訪れ、貿易品を見て回り、スウェイツ商会で色々なことを話したとあり、大野木はこれを「示威訪問」だったとするが、むしろ、輸出に関しての相談をしていたのではないかと思われる。

共益商社の買収

山葉寅楠は教科書販売の大手である、東の共益商社の白井練一、西の三木佐助と協力し、楽器製造を行ってきた。力関係で言えば、ヤマハは一次卸しである白井や三木よりも弱い立場にあった。しかし、ヤマハが力をつけて強大化してくると、しだいにその関係が変化してくる。

山葉寅楠は、東京支店を開設し、東日本における直売権を得ようと考え始めた。そのきっかけは、白井練一の有能な養子、銈造が亡くなったことだった。寅楠は一九〇八（明治四一）年二月から動き始め、当初は合併を持ちかけたが、白井側はそれを拒否。結局、ヤマハは一九一〇（明治四三）年四月に共益商社を買収した。

一方、西の一次卸しであった三木佐助は一九〇七（明治四〇）年、ヨーロッパ製輸入ピアノの取扱いを開始する。白井─三木─山葉の三者協約は、この頃から崩れ始めたのである。その後三木は山葉寅楠没後の一九二一（大正一〇）年、スタインウェイの総代理店となり、ヤマハに衝撃を与えることになる。

六　アメリカ領事の見た当時の日本のピアノ製造

アメリカとの軋轢

一九一〇（明治四三）年前後のシカゴで刊行されていた楽器業界誌『ザ・プレスト』には、日本がピアノやオルガンの分野で進出してきたことに対する執拗な人種差別的攻撃記事が多数掲載されている。一九〇七（明治四〇）年の記事を例に挙げれば、「模倣者の日本人《ジャップ》がアメリカの製造業者を脅かす」（一九〇七年五月三〇日付）という見出しの記事があり、その副題は「東洋のチビの褐色のヤンキーは、疑いを持たない西洋の白人の兄弟のために働いている間に、汚い狡猾な方法でアイデアを盗む」というものである。[*19]

日本のピアノやオルガンがこの時期、すでにアメリカの脅威になっていたことはこれまで言及されたことがなかった。本書で見てきたように、当時、日本の洋楽器製造はまだ始まってから日が浅かった。西川虎吉が横浜でオルガンの製造を開始したのが一八八四（明治一七）年、山葉寅楠が浜松でオルガンの製造を開始したのが一八八七（明治二〇）年、単なる組み立てピアノではない国産ピアノの第一号とされるアップライトピアノがヤマハによって作られたのが一九〇〇（明治三三）年であった。

一九一〇年頃、国別のピアノの生産台数は、イギリスで七万五〇〇〇台、フランスで二万五〇〇〇台、ドイツで一二万台、アメリカで三七万台であった。[*20] ちなみに、日本は一〇〇〇台にも満たない。アメリカが突出して多くのピアノを生産していたことが分かる。そのような状況で、アメリカの楽器業界誌『ザ・プレスト』は後発国である日本をなぜこれほど敵視したのだろうか。そこで有用になるのが、「アメリカの領事報告」である。

領事報告とは

一九世紀半ばから第一次世界大戦にかけての時期、各国とも、特に領事館活動を活発に展開するようになり、海外の通商情報の収集に国家が関与し、しのぎを削った。各国政府による海外通商情報収集の拠点になったのは領事館であり、情報活動に従事したのが領事だった。領事の業務の一部に、管轄区における通商・経済上の情報を本国政府に報告することが義務付けられていた。この点で、領事館は貿易拡大のための情報収集・サービスセンターの役割を果たしていた。

　領事が本国政府に送る通商情報には一定の形式があり、それは駐在地における輸出関連商品の価格とその変動、品評、消費者の嗜好などの情報から、駐在港の輸出入品の数量・価格、船舶の出入状況などの貿易状況、さらに通商貿易に必要な実務的情報にまで及んだ。また、領事は本国の業者、業界団体からの要請によって、特定商品について市場調査に当たった。

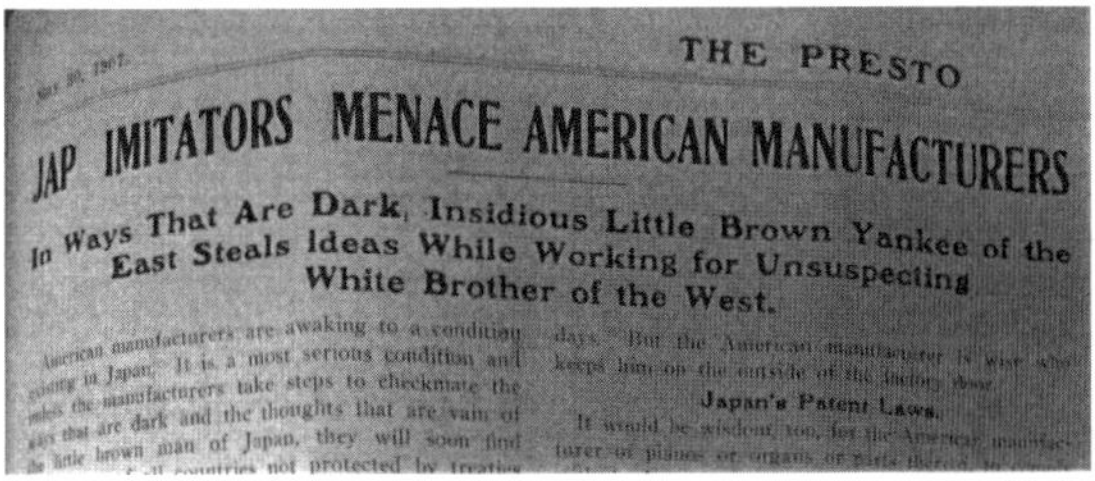
THE PRESTO

JAP IMITATORS MENACE AMERICAN MANUFACTURERS

In Ways That Are Dark, Insidious Little Brown Yankee of the East Steals Ideas While Working for Unsuspecting White Brother of the West.

Japan's Patent Laws.

日本バッシングの記事の見出し「模倣者の日本人（ジャップ）がアメリカの製造業者を脅かす」
The Presto　1907年5月30日付（著者撮影）

アメリカの領事報告

アメリカでは、一八五六年から領事に対して通商情報を本国に送ることが義務付けられ、毎年、それらを集めた領事報告が出版されるようになった。通商貿易がさらに発展した一八八〇年以降はそれに加えて月刊で領事報告が出版された。アメリカの輸出を発展させることが領事の重要な任務になると、一九一〇年以降は、毎日、領事報告が発行されるようになり、一九二二年からは週刊になった。このように、アメリカの領事報告は時期によって、月刊、日刊、週刊など、刊行される間隔は色々であるが、それぞれ索引が充実しており、そこから検索することができる。電子化されてインターネット公開されている部分もあるが、すべてではない。一九三三年以降は全体の分量が激減する。

特別領事報告

これらの領事報告とは別に、一八九〇年から一九二三年にかけて、『特別領事報告』が刊行されていた。これは自動車、缶詰を始め、さまざまな品目についての領事報告を集めたもので、楽器に関しては一九一二年に第五五巻『楽器の外国貿易』が出版されている。特別領事報告は、世界の主要国の楽器取引についての情報をピックアップしてまとめたもので、アメリカの製造業者の販路拡大の可能性を判断する手助けとなるように外国市場の詳細が記述されている。その国の人々の好みや、アメリカ製の楽器がその土地の需要に応えるためにどうすればよいかという助言が書かれているのが特徴である。

この時期に楽器に関する特別領事報告が刊行されたのは、当時、アメリカが楽器、特にピアノの輸出に尽力していたことと関係しているのだろう。実際、アメリカのピアノ生産のピークは一九一〇年前後であり、二位以下を大きく引き離して世界一の生産高を誇っていた。楽器に関する特別領事報告の全体は、ピアノと自動ピアノ、蓄音器、オルガンと弦楽器及び吹奏楽の楽器の四分野に分かれ、それぞれの分野で、各国についての楽器需要、アメリカ製楽器の販売状況やその可能性等が記述されている。

ピアノと自動ピアノのセクションでは、北アメリカ、南アメリカ、ヨーロッパ、アジア、アフリカ、オセアニア日本はアジアの中でセイロン、中国、インド、海峡植民地（マレー半島のイギリス植民地）、その他の国々と並んで記載されている。アジアの部の冒頭、この地域はピアノの貿易の進展においてはほぼ不毛の地である、と始まる。

日本についてては、横浜総領事トーマス・サモンズからの報告として、以下のように記述されている。[*21]

完全なピアノを製造する二つの大きな工場が横浜と静岡にある。それらと、イギリスから輸入された部品を使って組み立てる工場とが市場をコントロールしている。横浜のニシカワ（Nishikawa & Son）は年産二〇〇台のピアノ、一三〇〇台のオルガン、多数の弦楽器を製造している。静岡のヤマハ（Yamaha Co.）は年産四〇〇から六〇〇台のピアノと八〇〇〇台の小オルガンを製造している。日本製のピアノは他国と同じスタイルで、両工場とも、アップライト、グランド、セミグランド、ベビーグランドピアノを、コロニアル風、エンパイア風、アンティーク風などのデザインで製造している。音域は七あるいは七と三分の一オクターブ、総鋳鉄フレーム、象牙の鍵盤である。ケースはすべて日本製だが、ワイヤー、レザー、ウール・フェルトは輸入している。かなりの数のヤマハピアノは毎年、英国、オーストラリア、カナダに輸出され、その額はおよそ二万五〇〇〇ドルに達する

一九一一年の日本帝国への、蓄音器を除く全輸入楽器は三万六六〇六ドル。一九一〇年は二万九三八三ドル、一九〇九年は三万七一四一ドル。その元についての情報は日本の統計では情報がない。

以上である。簡にして要を得てはいるが、たとえば中国と比べると、アメリカ側の関心の差は歴然としている。中国に関しては、香港、スワトウ（汕頭）、天津、満州の四か所の領事からの報告が寄せられており、そこにはアメリカのピアノ製造業者にとって有用な情報が多数含まれているが、日本に関しては、アメリカ製ピアノの輸出実績や今後のピアノ需要等、何も触れられていない。当時すでに西川、ヤマハという自国の大きな工場があった日本は、アメリカのピアノの輸出地として有望な市場とは見なされていな

かった。この項目の元になったと思われる領事報告は、同じ横浜総領事が執筆した一九一一年七月七日付の「日本のピアノとオルガン」で、こちらの方は、各項目について、より詳細に記されており、アメリカからの輸出額等も掲載されているが、アメリカの製造業者への助言等が何も書かれていないことは特別領事報告と同じである。

一九〇九年のアメリカの領事報告「中国における楽器」

一方、当時のアメリカは中国について深い関心を抱いていた。それは、一九〇九年四月の領事報告の上海副総領事クラレンス・E・ゴースによる充実した報告「中国における楽器」によく現れている。[*22] そこでは、第一部が中国における楽器について、第二部が中国の音楽について述べられている。これだけの充実した報告が書かれたのは、アメリカが中国を楽器等の輸出国として重要視していたことの表れである。

全体の構成は以下のようになっている。

(一) 楽器編――導入／市場を支配する楽器／中国製ピアノ／日本の努力／ピアノ・プレーヤーとコンビネーション・ピアノ・プレーヤー／アメリカ製オルガン対日本製オルガン／日本に奪われた取引／グラフォフォン〔商標、初期の蓄音器〕と付属品／通商上の奇癖に対処すること

(二) 中国音楽、その創出と特徴、楽器など――音楽の特徴／中国音楽の楽器／中国人の外国音楽教育

この報告で注目されるのは、中国の楽器事情を述べる中で日本に関する言及が多いことである。

まず、楽器編の導入部で、ピアノ等に関しては、イギリス、ドイツ、アメリカが最近まで貿易を支配していたが、現在、日本がエネルギッシュな競争国になっていること、中国のピアノ需要は中国人にあるの

ではなく、駐留外国人にあること、駐留外国人は四万人で市場は大きくないこと、宣教師を除いてほとんどは数年契約の短期滞在者のため売れ筋は安価な楽器であり、外国製ピアノと中国製ピアノがあることが語られる。

次いで、輸入ピアノの大半はドイツとイギリスの製品で、アメリカ製は遅れをとっていること、アメリカのメーカーは現地の気候に合わせて適切に作られた楽器をイギリスやドイツと競争できる価格で中国の市場に供給できていないことが挙げられている。一方、中国国内では、上海と香港に工場があるが、香港は現在、修理だけ行っている。上海にあるイギリスの商会が運営する会社（モートリー商会）は一三年前に創立され、三人のイギリス人のピアノ製造のエキスパートと五〇～六〇人の中国人の作業員と見習いによってピアノが作られている、中国製ピアノは外国製のハイグレードのピアノと競うためのものではない、上海に工場を作った理由は、この土地の気候に適合し、大きなダメージなく運送できる安価なピアノを作るためであり、メタルフレーム、ほかのほとんどのメタルパーツとワイヤーは輸入で、アクションは現地で製作し、イギリス人のエキスパートの指導の下で、それを組み立てていると説明される。

そして、日本人が日本製ピアノをこの中国市場に導入しようとする努力は注目すべきである。日本にはいくつかの設備の整った工場ができており、それらの製造のトップはイギリスとアメリカで訓練を受けた日本人である（実際にはアメリカ）。彼らは見ばえのよいピアノを製造することに成功し、それをアメリカ製ピアノのカタログ価格の半額で、ディーラーに渡される。日本人は自分たちの楽器の欠点を徐々に直し、小規模ではあるが、この市場に食い込んでいる。ピアノの需要は多くないので、彼らは大規模な取引を確保することは、もちろん、期待できない。外国人のディーラーは日本製ピアノを展示することは拒否しないが、在庫で持つリスクには抵抗するため、日本人は商売を進めるため、日本国籍の総合輸入業者に依頼せざるを得ない、と記している。

また、オルガンに関しては、蓄音器を除けば、中国人にある程度の数が供給されている唯一の外国の楽器である。中国のオルガンの商いはフランス人が先駆者だったが、アメリカのオルガン製造の機械設備が改良されるにつれて、アメリカからの輸入が筆頭になった。ところが、アメリカ人のオルガンの取引は、アメリカ製のほぼ半額で売られる日本製の「ベビーオルガン」によって、最近はなはだしく侵害されている。

従来、アメリカのメーカーに対しては、本国でベビーオルガンのパーツを作り、それを中国に送り、同地のピアノ・オルガン工場で組み立てることを推奨してきた。それは実践され、アメリカ製オルガンの価格は引き下げられた。しかし、日本人は工場に、アメリカにあるような最新のオルガン製造機械設備を備え付け、中国市場に数多くのオルガンを送っている。

日本製オルガンは見栄えはアメリカ製オルガンと同じようによいものの、一般に、セットアップはそれほどよくないし、木材のシーズニングもよくない。しかし、価格は半額である。

日本製品との価格競争に勝てないので、外国人の輸入業者は、現地組み立て品を含むアメリカ製オルガンの取り扱いを、中止したという。日本からの輸入が続く限り、アメリカの取引が復活したり、中国製のオルガンのわずかな取引が続く可能性はないと思われる。アメリカのメーカーが日本人に抗するために価格を半額にすることはできないのは確かだ、と書かれている。

興味深いのは、「中国音楽」のセクションの「中国人の外国音楽教育」についての部分である。そこではアメリカ人の女性たちが運営している上海の中国人女学校の卒業式で、生徒たちがヴァイオリンとピアノで見事な演奏したこと、また、上海のディーラーによれば、中国の学校では日本人が多数音楽教師として雇われており、彼らが、楽器の取引における日本の侵略と大いに関係しているという、と述べられている。

一九〇九年のこの領事報告から、当時、中国に日本からピアノやオルガンが輸出され、特にリードオルガンがアメリカの脅威になっていたことが分かる。一九〇七（明治四〇）年前後、インドの楽器製作者シヨロット・ゴシュがリードオルガンの製作を学ぶために日本を訪れてもいる。[*23] また、「上海のディーラーによれば、中国の学校では日本人が多数音楽教師として雇われており、彼らが、楽器の取引における日本の侵略と大いに関係しているという」という部分については、中国では一九〇五年に科挙が廃止されてから、物理・科学・音楽・体操などの新しい科目は教師が不足して、日本人が招聘されるという現象が起こり、一九〇九年には日本人教師は四四三名に達し、音楽・体操の担当は一一名いたという。[*24]

つまり、この領事報告を読むと、先に紹介した業界誌『ザ・プレスト』のヒステリックな日本批判の背景が理解できる。米国のピアノ業界が危険視したのは、中国市場における日本の楽器輸出であった。

これまで見たように、アメリカ側の資料から、一九一〇年前後の日本のピアノ製造のあり方に新たな観点、つまり、一八八七（明治二〇）年前後にようやく緒についた日本の洋楽器製造が、それから二〇年後には、すでに輸出産業になっていたことがうかがえる。

一八九九（明治三二）年、山葉寅楠はアメリカ視察の途中、工場視察の際、「特に変わったところはない」と日記に記していた。日本のピアノ工場はアメリカ領事報告からも分かるように、すでにアメリカ式の機械を取り入れて最新式になっていたのである。

七　夏目漱石家のピアノ購入

オルガンからピアノへ

二〇世紀に入って、ようやく国産化が始まった日本のピアノであるが、ピアノは当時、どのように日本社会に受け入れられていたのだろうか。坂本麻実子の『明治中等音楽教員の研究』によれば、明治二〇年代まで、オルガンは最先端の西洋楽器で学校の自慢の品だった。小学校ではオルガンを購入すると「風琴開き」と称して祝宴を張り、父兄や地元の名士を招待して披露したが、明治三〇年代になると、農村の小学校でも一校に一台は購入するまでに普及した。[*25] それを支えたのは、ヤマハを始めとする国産オルガン製造の発展だったわけだが、普及したオルガンに代わって、次に最先端の西洋楽器とされたのがピアノである。

東京音楽学校は一八八七（明治二〇）年の開校以来、演奏家養成コースと教員養成のコース（師範科）とに分かれていたが、一九〇〇（明治三三）年、中等音楽教育を専門とする甲種が師範科に新設され、小学校の唱歌教員を養成する乙種と分かれた。その際、音楽の専門教育にはピアノが不可欠であるとして、甲種師範科でもピアノ指導が始まった。ピアノを弾く中等音楽教員はオルガンを弾く小学校教員よりも格が上と見なされた。中等音楽教員たちは、府県庁所在地を始め、地域の中核的な市や町にある学校に赴任したが、それぞれの勤務校でピアノの購入、披露式、演奏会に尽力した。中等学校は競ってピアノを購入していたのである。

甲種師範科を卒業した中等音楽教員は必ずしもピアノの演奏に長けていたわけではないが、それでも、学内外でピアノの演奏と指導に従事し、見込みのある教え子は東京音楽学校に進学させ、地方の音楽教育の担い手となった。こうして、ピアノは中等学校を通じて、全国に広がっていった。

夏目漱石家のピアノ

ピアノがごく一部の富裕層からインテリ家庭に広まっていったのも、この頃である。

文学者、夏目漱石の家では、一九〇九（明治四二）年、子供のためにピアノを購入した。六月二一日の漱石の日記に、「とうとうピヤノを買ふことを承諾せざるを得ん事になった。代価四百円。『三四郎』初版二千部の印税を以て之に充つる計画を細君より申し出づ。いやいやながら宜しいと云ふ」とある。

夏目漱石がクラシック音楽を愛好していたことは瀧井敬子の研究で明らかになったことである。[*26] 漱石には長女筆子を頭に七人の子供がいたが、雑誌の取材で教育方針について聞かれたときに、「まあ自由放任と云ふ所です……只だ、音楽は、特に稽古させてある」と答えているほどで、筆子にヴァイオリンを習わせていた。そこに、弟子の物理学者、寺田寅彦がドイツ留学中、預かってほしいと、出発前に愛用のオルガンを漱石の家に持ってきた。そのオルガンを子供たちがしきりに鳴らす。それがきっかけで、筆子が通う音楽教習所の先生に勧められて、ピアノを買ったのである。

『三四郎』の初版二〇〇〇部の印税がピアノに化けたわけである。どこのメーカーのものを買ったのか、国産だったのか、輸入ピアノの中古だったのか、くわしいことはわからない。しかし、一九一〇（明治四四）年一二月一四日の漱石の日記には「昨夜ストーブを焚き、小供と唱歌を歌ふ。もういくつ寝ると御正月といふ唱歌である」というほほえましい記述も見られる。「お正月」は東クメ作詞、滝廉太郎作曲による唱歌である。瀧井は、滝廉太郎のつけた伴奏譜はやさしく、筆子でも十分弾けるもので、漱石は長女筆子のピアノ伴奏で、子供たちと一緒に歌ったのではないかと述べている。

漱石は筆子にヴァイオリンを習わせていたが、明治末年になると、インテリ家庭でピアノを子女のために購入するケースが増えてくる。森鷗外の家でも、長女茉莉がピアノのレッスンを受けていたので、一九〇八（明治四一）年、ピアノを購入している。大正期に入ると、さらに、ピアノを購入する家庭は増えていく。とはいえ、当時、ピアノ製造のピークを迎えていた欧米各国とは、まったく比較にならない規模であった。

八　二〇世紀初頭の欧米のピアノ状況

ここで、二〇世紀初めの欧米におけるピアノ製造の状況について、まとめておこう。最初に取り上げるのは、当時、最大のピアノ生産国となっていたアメリカである。

アメリカの状況

一九〇〇年、ヤマハが浜松で最初の国産ピアノ第一号を完成させたとき、世界中のピアノの半分以上はアメリカ一国で生産されていた。大規模ピアノ工場はアメリカに集まっていた。一九〇〇年、アメリカでは、二六三社のピアノ工場があり、一万八〇〇〇人が働き、年間一七万一〇〇〇台のピアノを製造していた。この数字はさらに伸び、一九一〇年には、二九四社で二万五〇〇〇人が働き、年間三七万四〇〇〇台のピアノを生産するようになる。[*27]

アメリカでこれほどまでにピアノ生産が伸びた背景には、第一章でも見たように、分業による大量生産や機械化、また、アメリカの製鉄業の発展や、その成果を積極的にピアノ作りに取り入れる進取の気性があった。何より、この国は一八四〇年以降、自然増と移民の増加により人口が急増し、経済も発展し、ピアノは家庭の必需品として考えられるようになっていた。輸入品は、一八六一年以降、保護関税がかけられるようになったことや、アメリカのピアノ自体の品質が良くなったことで重要性を失った。
スタインウェイやチッカリングは名演奏家とタッグを組み、各地を回ってその楽器でコンサートを開くことによって、自社の名声を高めた。その先駆けとなったのは、一八七二年から七三年にかけてのシーズンに行われた、ロシアの名ピアニスト、アントン・ルビンシテイン（一八二九～一八九四）によるアメリカツアーである。彼はスタインウェイと一回のコンサートにつき二〇〇ドルという条件で契約して、アメリカ全土で二三九日間に二一五回のコンサートを開き、スタインウェイの名声を高めるのに大いに貢献した。
チッカリングもスタインウェイに負けじと名ピアニストをヨーロッパから招聘した。チッカリングが契約したのは、ドイツの指揮者、ピアニストであったハンス・フォン・ビューロー（一八三〇～一八九四）。一八七五年秋のことであった。当時、チッカリング社はニューヨークの五番街に、エレガントなコンサートホール付きの新しい楽器展示場を開いたところで、ビューローは一一月一五日、そのホールのオープニングのコンサートに登場し、レオポルド・ダムロッシュ指揮のオーケストラをバックに、ベートーヴェンのピアノ協奏曲を演奏した。ビューローの演奏は評判を呼び、コンサートツアーは上々の滑り出しを見せたが、その後失速し、一七二回計画されていたうち、一三九回が終わったところで、取りやめになった。ビューローはアメリカにいるドイツ人たちが気に入らず、そのことをいやみっぽく語ったインタビュー記事が掲載されたことから、多くの同胞のサポーターを失ってしまったのである。その後、チッカリング社は、社長のC・フランク・チッカリングがピアノ製造よりもニューヨークの社交の世界にうつつを抜かすようになり、一八九一年に彼が亡くなった時には、すでに会社は深刻な経営危機に陥っていた。チッカリングホールは一九〇〇年に売却された。[*28]
一方、スタインウェイ社の方は順調に発展していた。一八九〇年代には、パデレフスキーのツアーが行われ、これも大反響を巻き起こした。また、フランツ・リストはスタインウェイのコンサートグランドピアノとアップライトピアノの両方を称賛し、特に、「ソステヌートペダル」に言及した。「ソステヌートペダル」はある音を弾いて、鍵盤から指を離す前にこのペダルを踏むと、その音だけ音を延ばすことができる装置で、ペダルが三本ある場合、中央のペダルである。これを改良して、スタインウェイは一八七五年、グランドピアノとアップライトピアノに取り付けた。ソステヌートペダルは現在ではほとんどのコンサート・グランドや多くのグランドピアノの標準装備になっている。ちなみに、リストは、スタインウェイ社だけでなく、ベーゼンドルファーもエラールもチッカリングも称賛しているが、こうした名演奏家のお墨付きは、ピアノメーカーにとっては非常に貴重であった。

イギリスの状況

イギリスでは一九世紀、輸入ピアノに対して、貿易制限や関税がなかったので、ドイツとアメリカのピアノがなだれ込んできた。関税がかからないことは当初、イギリスのピアノメーカーには有利に働いた。イギリスで製造するピアノに使用するパーツや原材料を輸入する際に関税を支払う必要がないからである。ところが、国内で生産されるピアノよりも、輸入ピアノの方が安くなると、イギリスの関税ゼロは国内のピアノ産業にとって有害になった。しかし、外国製ピアノが流入しても、イギリスではなお、ピアノの需要と供給のバランスは保たれていた。それは主に、中産階級だけでなく、労働者階級の生活水準も上がった結果だった。労働者階級がピアノを入手しやすくするために、ピアノ会社は「代金後払い」プランで楽器を売り始めた。このシステムはピアノを三年間「借り」て、そのローンを支払いに充てるというもので、一八六〇年代から広く普及した。

一九世紀末から二〇世紀初頭にかけて、ロンドンのピアノ産業は上、中、下の三つの階層に分化していた。上のグループにはブロードウッド、コラード、カークマンという老舗メーカーが属していた。アーリックによれば、これらの高級ピアノの経営者は、前の世代が大事にしていた音楽家や技術者との関係よりも、社会のエリートたちと親しく交わることを優先していた。[*29] このグループはピアノのデザインやテクノ

ハンス・フォン・ビューロー

アントン・ルビンシテイン　装飾芸術図書館蔵（パリ）

フランツ・リスト　カルナヴァレ博物館蔵（パリ）

スタインウェイを弾くパデレフスキー（1896年）『スタインウェイ物語』

ロジーの変化に抵抗し、自分たちのブランドや顧客の忠誠心の強さをよりどころにしていた。そのため、鋳鉄一体型フレームや交差弦などの新式の技術には興味を示さなかった。カークマンは一七三〇年創業の元々チェンバロのメーカーだったが、一八九七年に廃業した。

一番の老舗はブロードウッドで、一八八〇年代の年間生産台数はおよそ二五〇〇台ほどだったが、一八九〇年には半分以下に減少した。技術者としてブロードウッドのピアノ製造を半世紀にわたって支えていたA・J・ヒプキンスはチェンバロやクラヴィコードなどの、昔の鍵盤楽器のリバイバルに尽力した人物で、鍵盤楽器の権威として知られていたが、技術的な進歩には強烈な偏見を抱いていた。そのため、新しい技術も取り入れられず、最初の交差弦の楽器が出荷されたのは一八九七年になってからのことだった。[*30]

二つ目の中級グループは中規模のメーカーで、ブリンスメッド、チャレン、チャペル、ロジャースなどが含まれ、これらは一般にアップライトピアノを生産し、新しいテクノロジーとデザインを取り入れていた。最後のグループは小規模で、従業員は少なく、概して品質はよくなかった。一八八一年の調査では、ロンドンに二三三のピアノメーカーがあり、そのうち一〇六社は高級グループと中級グループに属し、その多くが一〇〇人以上の従業員を雇っていた。一方、それ以外の一二七社は「第三のグループ」に属すると考えられ、親方と助手一人で工場を回していた。このように、さまざまな規模のピアノメーカーが並立することによってこの時代、ロンドンはピアノ製造の中心であり続けた。

イギリスにはドイツから数多くのピアノが輸入された。当初、ドイツから輸入されるピアノはブロードウッドなどの高級で高価なピアノと安いピアノの間を埋めるものだった。イギリスへのドイツ製ピアノの輸入は、イギリスのピアノ市場をより競争的にし、ピアノの値段を引き下げ、消費者にとっては益になることだったが、イギリスのメーカーの競争力は下がる一方だった。イギリスで生産される「ステンシル」ピアノは、より購買者にアピールするために、ドイツ風の名前がつけられるほどだった。[*31]

イギリス製ピアノの地位を脅かしたのは、ドイツ製ピアノだけではなく、アメリカ製ピアノもまた、外国市場での基盤を築いていた。一八九〇年、スタインウェイが初めて英国王室御用達許可証を得たことはその表れであった。

ドイツの状況

一八七〇年に一万五〇〇〇台以下だったドイツのピアノ生産は、一八九〇年には七万台に増加し、一九一〇年には一二万台に達しようかという勢いであった。アメリカに次ぐピアノ大国となったドイツは、アメリカと違って国内市場が小さかったため、製造されるピアノの約半数が輸出に回っていた。

ドイツ製のピアノの中でも、特に名声を誇っていたのがベヒシュタインである。

一九世紀末、ベヒシュタインの品質の良さは世界中に知れ渡っていた。一八九二年にはベルリンでベヒシュタイン・ホールがオープンしたが、そのこけら落としのコンサートではハンス・フォン・ビューロー、ブラームス、ヨアヒムという当代きっての名演奏家たちが出演した。また、二〇世紀初めには、ロンドン、パリ、サンクトペテルブルク、モスクワに支店を開くに至った。創業者のカールが一九〇〇年に世を去ると、会社は息子たちに引き継がれた。

一九〇一年には、ベヒシュタイン社はロンドンに五五〇席のコンサートホールを開設する。現在、ウィグモアホールという名前で知られるこのベヒシュタイン・ホールを開設したことは、イギリスでベヒシュタインがいかに確固とした地位を築いていたかを示すものである。実際、ベヒシュタインの年間生産高の約半数はイギリスで販売されていた。二〇世紀初頭の時点で、ドイツのベヒシュタインやアメリカのスタインウェイがイギリスの老舗の高級ピアノメーカーに取って代わるようになっていた。

フランスの状況

一九世紀後半、フランスはピアノ製造において、アメリカと正反対の道をたどった。一九世紀半ばまで、エラールはフランス国内だけでなく、世界のトップメーカーだった。エラールのピアノは職人技とエレガンスが溶け合ったモデルだった。しかし、その後、変化を拒んだエラールは技術面でも製造や売り上げの面でも衰退していった。一八九六年にはロンドンの支社を閉鎖した。エラールの社長M・A・ブロンデルは一九二五年になっても鋳鉄製フレームと交差弦を批判して、受け入れなかった。[*32]

一方、プレイエル社の方は、より開明的ではあったが、二つの点でアメリカやドイツのメーカーとは異なっていた。機械を限定的にしか使わないこと、そして、交差弦のアップライトピアノをまったく無視したことである。そのため、輸出の可能性をせばめてしまった。

結局、フランスのピアノメーカーは外国で起こっている発展には目もくれず、保護された国内市場を守ることで良しとした。フランス国内ではフランスのピアノの特徴は高く評価されていた。

この時期、フランスでは人口が増加しなかった。また、イギリスやアメリカでピアノが労働者階級にまで広がったのと異なり、フランスではピアノはブルジョワの楽器にとどまり、階層を超えては広まらなかったことも、この国でピアノの生産が伸びなかった理由だった。

ピアノの部品については事情は異なっていた。アルザス出身のジャン・シュヴァンデルはやはりアルザス出身のジョゼフ・エルビュルジェと組み、数々の改良を行い、国際的なアクションメーカーとなった。エルビュルジェ゠シュヴァンデルは特にアップライトピアノ用の優れたアクションを開発し、それを大量生産して、イギリスやドイツへ数多く輸出した。シュヴァンデルのアクションを使っていることは、ピアノを販売する上での重要なセールスポイントになった。一九一三年、この会社には一〇〇〇名の従業員が働いており、年間一〇万個のアクションを生産していた。このように、エルビュルジェ＝シュヴァンデルはドイツのレンナーなど、有名なアクションメーカーと並ぶアクションのトップメーカーとして高く評価された。

第四章　大正時代

一　大正初期

天野千代丸、ヤマハ副社長に

山葉寅楠は満州に進出し、経営の多角化に乗り出し、ベニヤや高級家具を生産するようになった。さらに、一九一二（明治四五）年にはアスベストを生産する会社や下駄を作る会社なども設立したが、ベニヤの化粧用にと富士山麓や伊豆方面で行っていた神代杉開発に失敗し、巨額の損失を出してしまう。業績の悪化により大幅な減配となったため、一九一二年上半期の株主総会は紛糾した。責任を問われた寅楠は社長の交代によって切り抜けようと、天野千代丸《あまのちよまる》に入社を要請し、自身は楽器の製造から身を引いた。

天野はなかなか首を縦に振らなかったが、寅楠から依頼された松井茂（静岡県と愛知県の知事を歴任）の説得もあって、翌一九一三（大正二）年八月、副社長の肩書で入社する。これ以降、経営の実権は天野が握り、寅楠は合成化学工業の育成に晩年まで力を注いだ。

天野千代丸（一八六五〜一九三七）は福岡県小倉藩で剣術指南役の次男として生まれ、萩の旧藩校と松江の師範学校を卒業したのち、一時教鞭を取るが、ほどなく警察に入り、各地警察署長を歴任し、その後、浜名郡の郡長（地方自治団体としての郡行政をつかさどった郡の長官）を務めた人物である。在職中に浜名郡の耕地整理をやりとげるなど、名郡長といわれた。内務官僚の道を歩んできた天野は事業経営の経験を持っていなかったが、寅楠は郡長時代のリーダーシップを高く評価していた。

諒闇不況

一九一二（明治四五）年七月三〇日、明治天皇の崩御により、諒闇《りょうあん》、つまり喪に服する期間となり、一年間の歌舞音曲停止の命が下った。諒闇の初期には、学校の音楽の授業さえ禁じられたという。このため、国内の楽器需要の伸びが止まってしまった。各社の倉庫にはオルガンやピアノが山積みになり、生産数も職工数も大幅に減らさざるを得なかった。

ヤマハでは、新副社長の天野から「芋粥をすすって奮闘せよ」と檄《げき》を飛ばされた社員たちが必死に卓上ピアノや卓上オルガン、木琴などの小物・玩具楽器の開発を行い、一九一四（大正三）年四月、ハーモニカの生産にも乗り出した。当時日本の市場を独占していたのはドイツ製だったが、それに対抗すべく生産を開始したのである。そのすぐ後に、ヨーロッパでは第一次世界大戦が始まり、蝶印《ちょうじるし》と銘打ったこのハーモニカは、不況の会社を支えることになった。

二　第一次世界大戦と欧米のピアノ産業

一九一四（大正三）年七月、欧州で第一次世界大戦が勃発する。六月二八日にセルビアのサラエボでオーストリアの次期皇帝候補フランツ・フェルディナント夫妻が暗殺された時、それが大戦争に発展してしまうとは誰も考え及ばなかった。しかし、現実には、同盟関係によって、ヨーロッパの多くの国が戦争に加わり、戦火は世界各地に飛び火していった。当初、短期で終わるだろうと思われていた第一次世界大戦は一九一八年一一月まで続き、ヨーロッパは疲弊した。ピアノ産業も、戦争によって大きな打撃を受けた。

イギリスの場合

第一次世界大戦前、イギリスのピアノ産業は繁栄していた。イギリスのメーカーは、ヨーロッパから部品を輸入して、中産階級と下層階級向けのアップライトピアノを多く生産していた。第一次世界大戦直前、国内市場の二割に当たる二万四五〇〇台のピアノが輸入されていた。当時イギリスで購入されるピアノの六台に一台はドイツ製だったと考えられる。ドイツやアメリカからの完成品の輸入に加え、アクションやチューニングピン（弦を巻き付けるスチールのピン）など、重要な部分はヨーロッパからの輸入に頼っていた。[*1]

しかし、一九一四年八月四日の宣戦布告ののち、ドイツとの貿易は途絶し、ドイツから主要なピアノ部品を輸入することができなくなった。イギリスのピアノメーカーはドイツの代わりに同盟国であるフランスのエルビュルジェ社からアクションを輸入したり、アメリカの会社からチューニングピンなどの金属部品を輸入するなどして対応したが、戦争が長引くにつれ、それらの部品を輸入することはしだいに困難になった。ただし、ピアノの生産が制限されたとはいえ、戦争中、イギリスでピアノ製造が完全に止まることはなかった。

木工のスキルを生かして軍需品の生産に転向したメーカーも多かった。たとえばブラステッド・ブラザーズは空軍が使用する複葉機を製作したし、名門のブロードウッドもさまざまな会社のために航空機の部品を製造した。当時の航空機のボディーは主に木製だったので、ピアノ職人の技術はこれらの航空機のパーツを作るのに役立ち、ピアノ工場は、労働力や工場のスペースを航空機産業に供給することが可能だったのである。

第一次世界大戦でイギリスは志願兵の制度を取っていたが、ピアノ工場から戦場に赴いた若者も多かった。数多くの熟練したピアノ職人が志願して戦争に行き、戻ってこなかったことはイギリスのピアノ産業にとって大きな損失となった。たとえば、チャペル社にはおよそ一三〇名が働いていたが、そのうち、六一名が軍隊に志願し、三八名が戦死した。およそ三〇パーセントの従業員が犠牲になったのである。この数字は、多くのほかのメーカーでも似たようなものだったと考えられる。[*2]

ドイツ製品不買運動の中で、一九一六年六月、ベヒシュタインはロンドン支店の閉鎖に追い込まれ、ベヒシュタインホールはウィグモアホールと改名された。

一九一八年一一月一一日、第一次世界大戦はようやく終わったが、その間、イギリスでは、弱小ピアノメーカーが淘汰された。ピアノ産業全体としては、大きなダメージは受けなかったが、大戦後、物資は不足し、部品や原材料は戦争前よりも大幅に値上がりした。

戦後も輸入品に関しては、一九一五年に制定された「マッケ（ン）ナ関税」と呼ばれる三三と三分の一パーセントの関税が継続してかけられていたが、総量規制はなく、大戦後はドイツのマルクが大幅に下落したため、再びドイツ製品が流入するようになった。一九二〇年、イギリスでのドイツ製ピアノの輸入が再開した。ほとんどは高級品で、戦争前の二倍の値段で売られたが、イギリスのピアノメーカーは高級品では太刀打ちできなかった。ベヒシュタインは一九二三年から再びロンドンに支店を構えるようになった。

輸入されたのはドイツ製のものだけではない。大戦終了後からアメリカ製ピアノが出荷されるようになり、一九二一年にはチェコからペトロフが、一九二二年七月からはウィーンのベーゼンドルファーがイギリスに入るようになった。

イギリスのメーカーは相変わらず輸出を続けていたが、ピアノの輸出入のアンバランスはひどくなる一方だった。外国製ピアノはイギリス製よりも有名で、高品質であると認識されていた。一九二八年一〇月に行われたコンサートの広告から、使用されたピアノのうち、イギリス製は一〇パーセントを切っていたことがわかる。[*3] しかし、イギリスのメーカーは自分たちの評判を高めようとする努力をほとんどせず、メーカー同士が協力して輸入税を引き上げるように運動したり、国産ピアノ愛用キャンペーンを行ったりすることはしなかった。そしてそのまま、大恐慌の時代へと突入する。

アメリカの一人勝ち

イギリス、フランス、ドイツのピアノ生産台数は第一次世界大戦中に減少したが、そこで存在感を増したのが、アメリカのピアノ産業であった。

アメリカは一九一七年になって、初めて連合国側で参戦した。当時、アメリカのピアノ産業は絶頂期を迎え、人々の音楽熱も高まっていた。大戦が始まると、それまで優勢だったドイツ音楽とドイツ人音楽家に対するバッシングが起こり、逆にアメリカ音楽への興味が増大した。アメリカでは、音楽が道徳的価値という観点から高く評価され、一九一六年に結成された業界団体、音楽産業商業会議所は戦争産業委員会に対して、楽器は戦争に勝利するために「完全に必要不可欠」であると認めさせた。ピアノ製造は戦時特別税を免除され、一九一七年秋には、国防評議会によって、ピアノ製造は「国民の福祉のために不可欠なもの」として分類された。

このようにピアノ製造に有利な結果が出た背景には、ピアノ産業が原料面においても労働力においても軍需産業と競合しなかったことがある。アメリカでは、ピアノ製造は一般に、徴兵とは関係ない年配の男性によって行われる熟練技術であった。また、ピアノ製造で使用される軍需資材は年間、合計二万七〇〇〇トンの鋳鉄、銅、スチールだったが、そのうち、大半を占めるのは二万五〇〇〇トンの鋳鉄で、それは軍需資材としては最も需要が少ないものだった。ピアノ製造はまたアメリカ政府にとって財産でもあった。というのも、南米やオーストラリアではアメリカ製ピアノの活発な需要があり、ピアノの輸出によって、これらの国から必要性の高い羊毛や硝酸塩を輸入することができたからである。[*4]

こうして、第一次世界大戦中、アメリカでピアノ製造が滞りなく続けられたことで、アメリカはピアノ製造と販売の新しいリーダーとなった。戦争前は、ドイツが世界のピアノ貿易の九〇パーセントを占めていたのに対し、一九一八年、音楽産業商業会議所はアメリカが少なくともその七五パーセントを占めるようになったと試算している。というのも、イギリス、フランス、ドイツ、カナダは、戦争中、ピアノの生産を縮小したのに対し、アメリカが国内外の市場でその分の需要を穴埋めしたからである。特に、自動演奏ピアノがこの貿易で重要だった。一九一七年、イギリス、フランス、ドイツ、イタリア、スウェーデン、カナダの六か国を合計して、六万五〇〇〇台のピアノしか製造されなかったのに対し、アメリカ一国で、三〇万台以上を生産していた。アメリカはチリ、ブラジル、アルゼンチン、オーストラリアなどの利益の上がる市場でドイツに取って代わった。アメリカのピアノ産業は、いまや六七か国に輸出しており、その相手国の筆頭はオーストラリアで、スペイン、キューバ、アルゼンチン、メキシコ、ペルー、そしてイギリスが続いた。[*5]

第一次世界大戦後は自動演奏ピアノが売り上げを伸ばし、一九二三年にはアメリカで製造されたピアノの五六パーセントを占めるまでになった。しかし、その年を境に、自動演奏ピアノの人気は急激に下がる。より安価な蓄音器やラジオに取って代わられたのである。一九二五年から二九年までに、自動演奏ピアノの製造は実に八六パーセント減少した。そして、ピアノ全体で見ても、一九二九年の生産台数は、一九二三年のわずか三五パーセントに過ぎなかった。一九一九年に一九一社存在したピアノメーカーは一九二九年には半分以下の八一社になっていた。[*6]業界は家庭や学校でピアノを習おうというキャンペーンを繰り広げたが、そこを大恐慌が襲うことになる。

三　第一次世界大戦と日本

日本に目を移すと、大戦中、輸出に牽引されて、日本は高度経済成長を果たした。その結果、日本の国民総生産は五年間で約三倍に、工業生産高は約五倍に増えた。国際収支は黒字続きとなり、外貨保有高は六倍となった。

輸出ブーム

第一次世界大戦の影響で、ヤマハでも楽器生産が一挙に増えた。まず、ハーモニカである。開戦と同時にハーモニカの老舗であったドイツのホーナー社の輸入が途絶えたので、ヤマハの蝶印ハーモニカが国内市場を独占しただけでなく、外国にも輸出されるようになり、増産に次ぐ増産となった。ヤマハ以外の中小メーカーも林立した。ハーモニカは一九一九（大正八）年には二二万ダースも生産され、ヤマハの楽器総生産額に占める割合も同年六三パーセントに達した。

オルガンとピアノの生産の伸びも著しく、ヤマハの一九二〇（大正九）年の売り上げ高は、ピアノ九二万円、オルガン三七万円であった。ピアノはオルガンの二倍以上の売り上げがあったわけである。ヤマハは一九一五（大正四）年七月には、オーストラリアと四か年のピアノ独占販売契約を結ぶなど、戦争のため入手できなくなったドイツ製品に代わって、楽器が輸出された。息を吹き返したヤマハでは、工場の拡張が計画され、翌一九一六（大正五）年には浜松市中沢町に敷地二万坪を購入し、やがてここに新工場が建設されることになる。

ヤマハによるヴァイオリンの試作

さらに、ヤマハはヴァイオリン製作にも踏み込むべく、ひそかに試作に取りかかった。ヴァイオリンの輸出が好調なことに目をつけたのだろう。山葉寅楠と鈴木政吉とが親しかったことを思えば、ヤマハがヴァイオリンにまで手を広げようとしたことは不思議な気もするが、この時期すでに、ヤマハ本体の経営については、副社長であった天野が実権を握っていた。したがって、ハーモニカ、木琴、卓上ピアノ、卓上オルガンなど、輸出できそうなものに片っ端から手を広げていったその延長にヴァイオリンがあったと考えれば納得がゆく。

当時、ヤマハには槇田某という人物を中心に、ヴァイオリン試作のプロジェクトチームが作られていた。そのチームに加わっていたのが、当時二〇歳の大橋幡岩《はたいわ》（一八九六〜一九八〇）である。大橋はのちにピアノ作りの名工として知られるようになる人物だが、一九〇九年、一三歳でヤマハに入社し、初めはピアノアクションの製作をしていた。社長命令によりヴァイオリンの渦巻きを機械加工で行うことに決まり、大橋にその設計開発が命じられ、大橋は苦心惨憺してようやく機械を完成させた。

その当時ヤマハで試作したヴァイオリンが大橋家に伝わっており、その楽器は現在、浜松市楽器博物館に所蔵されている。

しかし、その後まもなくヤマハと鈴木ヴァイオリンの両社の合意により、ヤマハはヴァイオリンの製作を中止する。大橋は、あれほど苦労して作り上げた技術がまったく生かされることなく、「大変、ご苦労であった」の一言ですべてが終わり、「とても残念でならなかった」と洩らしていたという。[*7]

試作楽器が残っていることといい、機械の開発といい、ヤマハが当時、本気でヴァイオリン製造への参入を企てていたことがわかる。そのヤマハが参入を諦めたのはなぜだったのか。その理由は、当時経済力

天野千代丸

でやや勝っていた鈴木ヴァイオリンに対抗することは不利であったからだという。その時、仲介したのが、両社の総代理店であった大阪の三木佐助であったといわれる。話し合いの結果、鈴木はオルガンを製作せず、ヤマハはヴァイオリンに参入せずと約束したという。

この約束はしばらく守られたものの、昭和に入ると、鈴木は一時オルガンを製作している。一方、ヤマハがヴァイオリンに参入するのはずっと遅く、二〇〇〇（平成一二）年になってからである（電子楽器であるサイレント・ヴァイオリンに関しては一九九七年から参入していた）[*8]。一九九八（平成一〇）年、鈴木政吉の三男で、スズキメソードの創始者である鈴木鎮一が九九歳で没したことが契機になったという[*9]。

寅楠死去

寅楠は天野に経営を譲った後、合成化学工業などの事業の拡大に専念していたが、腎臓を患い、一九一六（大正五）年八月八日、六四歳の生涯を閉じた。生前、寅楠と苦楽を共にした河合喜三郎は寅楠の死を嘆き、一〇月二四日、後を追うようにして他界した。

天野千代丸、二代目社長となる

一九一七（大正六）年一月、副社長の天野千代丸がヤマハの二代目社長に就任した。就任後の八月、資本金を六〇万円から一挙に二倍の一二〇万円に増資し、さらに、一九二〇（大正九）年には三〇〇万円に増資。北海道には釧路工場を設けた。ベニヤの原料工場であった。大戦中、ヤマハはベニヤ製で陸軍の弾薬箱を作り、納品するようになった。

大戦終了後の反動不況

一九一八（大正七）年一一月に第一次世界大戦が終わると、反動不況がやってきた。一九二〇（大正九）年三月には株式市場の大暴落が起こったが、ヤマハは直前に資本金を三〇〇万円に増資を完了していたため、ことなきを得た。大戦中に乱立した群小のハーモニカメーカーは次々に倒産したが、逆にヤマハの蝶印ハーモニカは売れ行きを伸ばした。ところが、翌一九二一（大正一〇）年になると、輸出力を回復したドイツがピアノとハーモニカの世界市場奪還をめざして反撃を開始する。ヤマハは六二九人を解雇し、従業員をわずか三五一人に縮小した。

しかし、社長の天野は守りを固めるのではなく、あくまで強気に経営を進めた。まず、プロペラの製造である。

四　強気の拡張路線

プロペラ製造

第一次世界大戦中にヤマハがベニヤ製の弾薬箱を陸軍に納入するようになったことは既述したが、ヤマハの木工技術、合板技術に注目した陸軍省は、航空機用の木製プロペラの製造をヤマハに発注。会社は航空隊出身の永淵元大尉を飛行機部長に起用し、中沢町に専用工場を建設した。こうして、一九二一（大正一〇）年三月、プロペラの製造が開始され、ヤマハは陸軍省指定工場となる。そして、これが日本で最初のプロペラ生産となった。このときに、できあがったプロペラを実験するためのエンジンを製作したり、各種工作機械を備え、それらを使いこなす人材を育てたことが、戦後のヤマハ発動機設立へとつながっていく。

河合小市らを欧米に派遣する

ヤマハがプロペラの製造を始めた一九二一年三月、天野社長は河合小市を団長とする熟練技術者と販売のベテラン四人を海外視察へ送り出した。彼らはアメリカ、イギリス、ドイツ、イタリアを回って有名なピアノメーカーを視察し、輸入や業務提携等の交渉も進めた。

大野木によれば、当時の駐独大使から勧告されたのが、派遣の契機らしい。ピアノ部門の責任者である山葉直吉が、当初、社長の天野から派遣員に推されたにもかかわらず、その一行に加わらなかったのは、寅楠が唱えつづけた「独立独歩」の路線を守ろうとする生き方と相反するように思ったからでもあろう。直吉は「外国へ行かなくても、その国のピアノを見ればすべてが分かる」として、その席を弟子の河合小市に譲ったという。[*10] 河合小市は欧米視察でヤマハとの格差を認め、帰国すると、欧米ピアノメーカーの水準の高さを率直に語った。

視察の成果を生かし、ヤマハは輸入楽器・楽譜の特約販売を開始するが、なかでもベルリンのベヒシュタインを提携先に選び、そのピアノの輸入を始めたことが注目される。ヤマハは東京音楽学校やさまざまな楽団から一流の楽器を輸入してほしいという要請を受けていた。ヤマハはさっそくベヒシュタインを総理大臣官邸に一台、東京音楽学校の奏楽堂に二台納入している。実はヤマハに先駆けて、大阪の三木がスタインウェイ・ピアノの特約専売権を得ていたため、ヤマハとしては、スタインウェイ以外のピアノメーカーにアプローチするほかなかったのだが、当時、ベヒシュタインはスタインウェイと並んで高く評価されていたピアノメーカーだった。

西川楽器吸収合併

次に天野が行ったのが、ピアノ・オルガン製造の宿敵であった横浜の西川楽器（資本金四八万円）を合併して横浜工場とし、資本金を三四八万円（払い込み二五八万円）に増資したことである。

西川楽器は、日本におけるオルガンとピアノ製造の先駆者として、寅楠とライバル関係にあったメーカーである。創業者で初代社長となった西川虎吉の後、彼の養子、安蔵が社長を務め、アメリカで修業した腕を活かして企業規模を拡大していた。第一次世界大戦中には、オルガンとピアノからさらに手を広げて、ヴァイオリン、蓄音機、レコード製作にまで乗り出した。ところが、一九一九年（大正八）年二月、安蔵は流行性感冒にかかり、三九歳の若さで急逝した。その後を追うように、創業者の西川虎吉も亡くなる。安蔵の妻千代子は、運輸会社の会田藤次郎を社長とする合名会社に改組し、再建を図ったが、第一次世界大戦後の反動不況もあって、一九二一（大正一〇）年、ついにヤマハに吸収合併されたのである。

同年七月号の『音楽界』は、この合併を報じた記事で、経営破綻の原因として「ひと月に九台のピアノを製造するために一万二〇〇〇円の年俸を支払う外国人技師を招聘したるなど支出のみ膨張して収入これにともなわざる状態にあった」と書いている。ここで書かれている外国人技師とは、アメリカ人技師、トーマス・ベイカーという人物であった。

トーマス・ベイカーと西川楽器

西川楽器の招きで来日したトーマス・ベイカーはアメリカのピアノ業界ではよく知られた人物で、ピアノ製造のベテランだった。彼は一九二〇年一一月一五日にサンフランシスコから乗船し、同月二二日に横

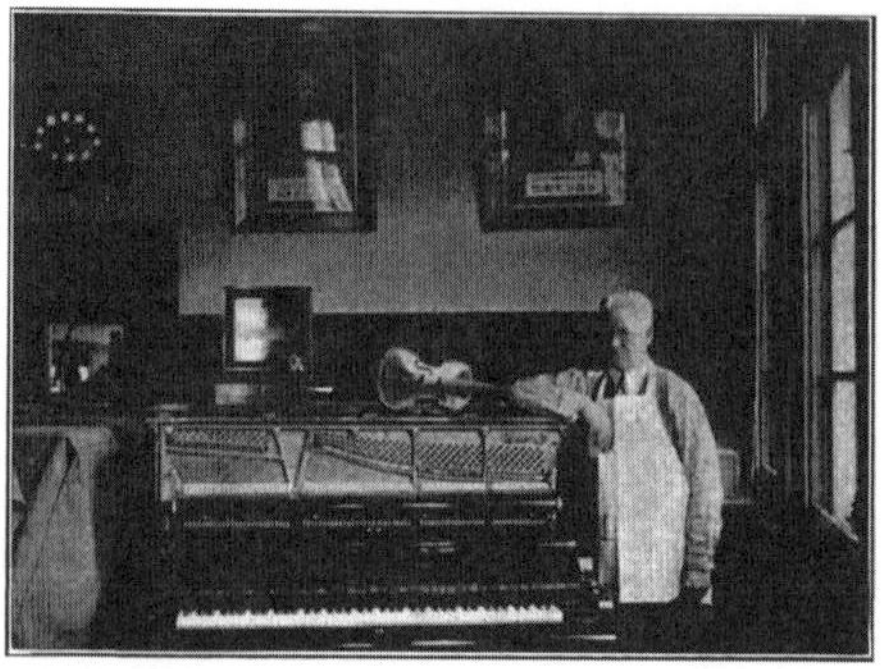

西川楽器のトーマス・ベイカー　（西川虎吉と安蔵の写真が上方に飾られている）
The Music Trade Review　1921年2月12日号

浜に到着した。西川楽器としては、創業者の長男安蔵と創業者虎吉の二人を相次いで失った後、アメリカからベテラン技術者を招聘することが最善の策と考えたのであろう。実際、ベイカーの来日は、日本のピアノメーカーにとって、初めての外国人エキスパートによる直接的な指導を受ける機会となった。ベイカーはアメリカの業界誌『ミュージック・トレード・レヴュー』と密接なつながりがあったので、ベイカー経由でこの雑誌には当時の日本のピアノ製造業に関する記事が相当数掲載され、それらは貴重な情報源となっている。

ベイカーは西川楽器で工場長と音響専門家《アコースティック・エキスパート》を兼務していた。横浜に着任したベイカーはやる気満々で『ミュージック・トレード・レヴュー』のアメリカの読者である業者たちに向けて、ピアノやオルガンのサプライ、特にピアノのアクション、そして、自動ピアノのアクション、鍵盤、ハンマーのカタログを送ってほしいと書いている。

同誌の一九二一年二月一二日号には「東洋におけるピアノ産業」という大きな記事が掲載されており、その中に日本を含む諸国に出張していたジョージ・P・ベントが『ミュージック・トレード・レヴュー』の編集者宛てに送った書簡が含まれている。出張の途中、ベントは横浜の西川楽器の工場にベイカーを訪ねた。そこで、ベントは工場に最新式の機械が備えつけられていることに驚いている。従業員は二〇〇人ほどで、日給五〇セントから三ドル、ピアノは月に五〇台の生産能力があると書いている。また、ピアノとヴァイオリンの仕上げに日本の漆が使われていることに注目し、磨きが美しいことを評価している。

一方、その後、立ち寄った上海の老舗モートリー商会は、西川とは対照的に、工場に機械がまったく入っておらず、あらゆることが手作業で行われていると述べ、中国の労賃は日本におけるよりもさらに安いと書いている。中国も日本も非常に不景気だったという。

この記述からも分かるように、当時の西川楽器は近代的な設備を持ち、二〇〇人の従業員を雇う、大規模な楽器工場であった。西川はアメリカ人のピアノ製造のエキスパート、ベイカーの下で、新しい一歩を踏み出したわけだが、ベイカーが着任して七か月後、ヤマハに吸収合併されてしまう。不況に持ちこたえられなかったのである。

西川楽器での楽器生産は合併後も続けられたが、ベイカーは横浜から浜松に移り、以後はヤマハで働くことになった。ただし、ヤマハが浜松でベイカーの能力を生かすことができたかといえば、残念ながらそうではない。結局ベイカーは契約満了をもって、七か月後に帰国した。アメリカの『ミュージック・トレード・レヴュー』一九二二年一月二一日号には、帰国したばかりのベイカーのインタビュー記事が掲載されている。

ヤマハでのトーマス・ベイカー

その記事によれば、ベイカーは浜松では主任技術アドバイザーという立場で、ピアノ、オルガン、ハーモニカ、ベニヤのカッティング、プロペラ、音楽玩具の製造を監督した。当時の浜松は人口八万人。宣教師以外に外国人は住んでいなかった。旅館住まいで和式の生活を強いられ、寝るのも、食べるのも、読書も、たばこを吸うのも、すべて床に座ってしなければならず、四八歳の健康体ではあったが、ひざがつらかったという。外国人の多い横浜から、浜松に移ったベイカーにとって、その暮らしに慣れることはできなかった。

ベイカーは浜松のヤマハでの仕事については黙して語らず、日本でのピアノの売れ行きについて総論を語っている。

まず、ハイクラスの日本人のほとんどは日本製のピアノよりも外国製のピアノを好むので、アメリカ製ピアノは日本で売れると述べている。大型のものよりは、五二インチから五六インチまでの高さのピアノが好まれる。というのも、日本の家屋は軽く作られているので、重い重量には耐えられないからだ。そして畳についての説明があり、ピアノのディーラーがピアノを売る時には、畳を傷つけないため、その下に置く板も一緒に売るというエピソードが語られる。

人気があるのはドイツタイプのケースだが、アメリカ的な甘美な音色が好まれ、調律は国際ピッチが採用されている。

ドイツから輸入されたピアノは税金と運送料を加えて、六五〇円、つまり三二五ドルで販売されている。一方、日本のメーカーは、高品質のドイツ製チューニングピンを一〇〇〇個につき二ドルで、ほかの部品についてもそれに準じた値段で購入することができる。日本では安い労働力があっても、この値段でこれらの部品を複製することはできない。

以上がアメリカのピアノ技術者、ベイカーが語った当時の日本のピアノ製造の状況である。当時、ドイツ製のピアノや部品が流入していたことがうかがえる。

ヤマハは西川楽器を吸収合併したことにより、国内市場の九割近くを独占するようになった。ピアノの生産額も一九二〇（大正九）年に一〇〇万円、一九二一（大正一〇）年に一五〇万円、翌年には二〇〇万円と激増した。

しかし、天野社長の拡大路線の裏で、ヤマハの経営状態は悪化していた。一九二六（大正一五）年の末曽有の労働争議が起こる前に、すでに、会社は問題山積の状態になっていたのである。

五　外国製ピアノの激増

第一次世界大戦後、ヴェルサイユ条約で多額の賠償金を要求されたドイツは、外貨を稼ごうと輸出に力を入れ、ピアノやハーモニカの世界市場奪還をめざした。その結果、日本に輸入される外国製のピアノの八割をドイツ製が占めるまでになった。こうした中で、商社まで儲けを当て込んでピアノの輸入を始めた。大阪の三木がスタインウェイと特約を結ぶ一方、ベーゼンドルファーとブリュートナーは外国ピアノ輸入商会（東京ピアノ商会）と、メーソン・アンド・ハムリン社は三菱商事とそれぞれ特約を結んだ。ヤマハも外国製ピアノの輸入を扱うことに決め、その提携先を探すこともあって、一九二一（大正一〇）年三月、天野社長は河合小市を始め四人を海外視察へ送り出した。その結果、ヤマハはドイツの名門ベヒシュタイン社と特約を結んだのである。

三木楽器とスタインウェイ

三木とスタインウェイが取引契約を結んだのは、一九二一（大正一〇）年七月二五日であった。三木は日本における総代理店という立場になり、「横浜を例外とする日本において」新品のスタインウェイの卸売・小売りを独占的に行うことができるようになった。横浜が例外とされたのは、以前から取引があった横浜の商会のチャンネルは維持されたからであろう。この年、三木は、国産ピアノ二一七台（ほぼヤマハ製）、輸入ピアノ四〇台、オルガン二五七七台（すべてヤマハ製）を販売した。三木では、そのほかにもドイツ製のホイリッヒやローゼンクランツも扱っていた。[*11]

三木楽器によるスタインウェイ・ピアノの納入風景（1925年）『三木楽器史』

ヤマハ、大阪支店を開設する

明治時代に始まった山葉寅楠、鈴木政吉のメーカー二社に対して、当時、東京の共益商社と大阪の三木佐助の間で結ばれた三者協約は、メーカーが共益商社と三木佐助に独占的に品物を売る代わりに、品物が売れるか売れないかにかかわらず、約束の日に約束した金を必ず送金するという取り決めがあったことから、メーカー側としては、安定した収入が見込める契約だった。

しかし、明治末にヤマハは共益商社を乗っ取りのような形で買収する。そして、一九二二（大正一一）年一月、ヤマハは大阪支店を四ツ橋に開設する。三木に対する宣戦布告であった。ヤマハ大阪支店は関西全般を席巻し、さらに朝鮮半島まで営業範囲に入れて活動した。明治以来、長年にわたり、山葉ピアノ・オルガンの関西一手販売元としてヤマハを支えてきた三木は、山葉製品の取引を中止し、スタインウェイ・ピアノの特約店として活発な活動を始めた。スタインウェイの売り上げは好調だったようで、一九二五（大正一四）年のスタインウェイの注文残はK型（アップライト）二〇台、O型（グランド）一〇台、A型（グランド）一〇台、計四〇台もの注文残を抱えていた。[*12]

六　関東大震災とヤマハ

相次ぐ火災と大震災

一方、浜松のヤマハは一九二二（大正一一）年三月、中沢のベニヤ工場から出火。またたくまに木材乾燥室ほか四棟を全焼、さらに、翌一九二三（大正一二）年六月一二日夜半には、板谷町本社工場の大半を焼失した。

追い打ちをかけるように、同年九月一日、関東大震災が襲う。営業報告書によれば、震災後の火災により、東京支店、神田売店、横浜西川楽器店及び姿見町売店は「跡形もなく類焼し、会社所有の商品、建築物、什器等ことごとく烏有《うゆう》に帰す〔すっかりなくなる〕」。横浜工場は幸いに焼失を免れたものの、工場の一部が倒潰傾斜し、その損害も少なくなかった。ヤマハ全体での関東大震災による被害総額は、七九万八〇〇〇円あまりに及んだ。

そうした状況の下で、天野は震災後の復興需要を見込んで、東京に大崎工場を急遽作り、家具類の生産を始めたが、運転資金が枯渇し、翌一九二四年五月には第二回社債を一〇〇万円、第三回社債を一五万円、連続して発行せざるを得なかった。

しかし、この期に及んで天野社長の拡大路線はなおも続き、一九二五（大正一四）年三月には福岡支店を、翌年一月には台湾出張所を開設する。

天野―河合路線

ピアノの製造に関しては、天野は一九二四（大正一三）年四月、山葉直吉を工場長に据え、アクション部長の職にあった河合小市を技師長に昇格させた。表向きは昇格人事であったが、実は直吉の工場長は名目上のもので、実際、工場全体を指揮するのは技師長となった河合小市であった。天野は小市を重用して側近とし、直吉の立場は微妙なものになった。

また、一九二六年一月、天野はドイツのベヒシュタイン社から、監督技師であるヴィリー・エールシュレーゲルを、東京の輸入商会L・レイポルドを通じて招いた。ここからヤマハのピアノ作りは大転換することになるが、エールシュレーゲルの真価が発揮されるのは、昭和に入って社長が交代し、三代目の川上嘉市《かいち》が社長に就任してからのことなので、後述する。

七 「ピアノ輸入税に関する陳情書」に見るヤマハの危機

ヤマハの実情

天野千代丸がヤマハの社長の座にあったのは、一九一七（大正六）年から一九二七（昭和二）年までであった。前節で見たように、彼はその間、アグレッシブともいえる経営手法で事業を拡張していった。一九七七（昭和五二）年に出版されたヤマハの『社史』ではこの一〇年間を「まさに当社の暗黒時代といっても過言ではない」と断じ、「〔天野社長は〕大戦景気の波に乗った発展期の惰性でブレーキを失い、逆境に対処する用意を欠いた放漫経営。これに加えて、相つぐ火災と関東大震災。そして、折からの慢性不況下に勃発した、日本労働争議史上に名をとどめる百日余にわたるストライキで、当社は倒産寸前まで追い込まれていく」とまとめている。*13

しかし、実情はさらに深刻だった。そのことが、当時、ヤマハの重役だった箕輪焉三郎が残した文書類から分かる。

箕輪焉三郎

箕輪焉三郎（一八七三～一九四一）は一八九四（明治二七）年東京高等商業学校卒業、三井物産入社、

台北・大連支店長、門司支店石炭部次長、長崎支店長を歴任し、のちにヤマハの専務取締役となり、次いで、自ら取締役に降格した人物である。三井系の箕輪は、住友系の川上嘉市が三代目の社長に着任したのち、職を辞すことになる。

『営業報告書』によれば、箕輪は一九二四（大正一三）年六月二四日付で専務取締役になり、一九二六（大正一五）年、四月一日以降、専務の職を辞して、平取締役となった。その後、箕輪は一九二八（昭和三）年六月まで取締役の地位にあった。その後も六月二三日付の『営業報告書』には取締役社長の川上嘉市の後に、天野千代丸と共に箕輪焉三郎の名前が八名の取締役の中に見られるが、この日の株主総会で行われた選挙では、天野、箕輪共に、次期の取締役には選ばれていない。ちなみに、天野千代丸が同年六月一五日に取締役を辞任したことについては『営業報告書』に書かれている。また、一九二九年（昭和四）年の『営業報告書』によれば、前年一二月一三日の株主総会で「退職取締役天野千代丸氏、同箕輪焉三郎氏に対し慰労金贈呈の件は重役会に一任」との記録あるが、箕輪は一九二九年九月に山葉直吉のピアノ研究所にも足を運んでおり、すぐに浜松と縁が切れたわけではなかったようだ。

箕輪が残した文書類は沼津市明治史料館の「旧幕臣箕輪家資料」の中に整理されている。「日本楽器製造株式会社」という項目には、書簡（一八七件）、新聞・ビラ・書類（五五件）、書類綴（五五〇件）、追加分（四九件）があるが、これまでその存在はほとんど知られていなかった。また、箕輪に関しては、『社史』ではまったく語られず、ほかの文書でもほとんど語られていない。

大野木によれば、箕輪は、山葉寅楠が大連で知り合って以来、「この人を絶対手離すな」と側近や家族に言い続けた人物であった。大野木自身は、箕輪は三井物産顧問の肩書を持ちつつ入社したと述べ、箕輪のことを「所詮大財閥の『お蚕《かいこ》ぐるみ』的存在、放胆な経営感覚が天野の会社経営を攪乱することになった」とあまり評価していない[*14]。しかし、残された文書からは、箕輪が近代的な企業人のエリートであり、

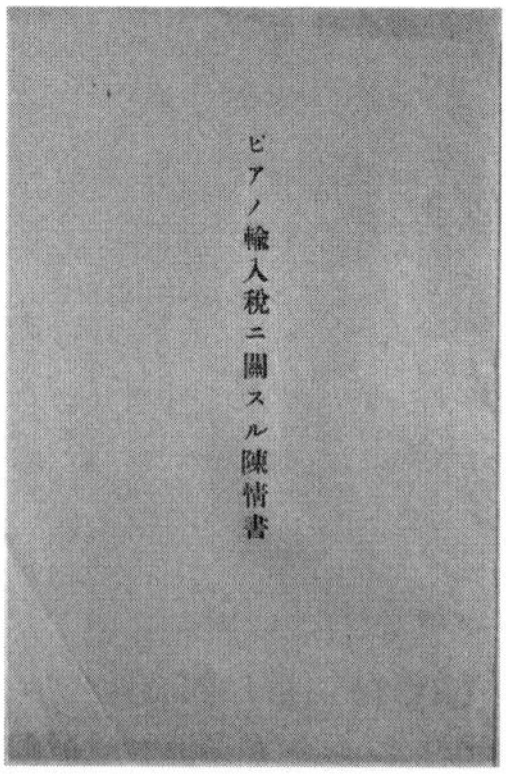

「ピアノ輸入税に関する陳情書」（1923年）表紙
沼津市明治史料館蔵（著者撮影）

天野の放漫経営を何とか押さえて、ヤマハの経営を立て直そうと尽力していたことが読み取れる。

箕輪は山葉直吉と親しく、天野とは意見を異にしていた。箕輪が書いた一九二六年六月一五日付のマル秘の印が押された「ヤマハ専務として経営状況につき所見」を始め、箕輪が残したヤマハ時代の資料はたいへん貴重で、ヤマハの労働争議を含めた歴史の書き替えにもつながるものだが、それらについては、稿を改めて論じたい。

本書では、大正期の日本のピアノ生産・販売に関して新たに発見された資料に焦点を絞って扱う。まず、取り上げるのは一九二三（大正一二）年の「ピアノ輸入税に関する陳情書」である。

「ピアノ輸入税に関する陳情書」

この陳情書に関しては、一九二四（大正一三）年の『営業報告書』の中にも「製品中、ピアノや比較的順調なる売れ行きを示しているものの、依然として外国品との競争は激しいので、一方では、製品の改良や生産費の低減を図り月賦販売に力を注ぐことで、他方では、原料には高率、製品には低率という矛盾が大きい関税の改正を当局に迫ることで、輸入ピアノ根絶の初志を貫くことを期す」と書かれている。では、ヤマハはどのように関税の改正を当局に迫ったのだろうか。それが分かるのがこの陳情書なのである。

この陳情書は、一九二三（大正一二）年六月二九日付、日本楽器製造株式会社 取締役社長 天野千代丸

の名義で出された印刷冊子で、趣旨は、国産品奨励のために、従来の重量税率を見直し、楽器の輸入税率を引き上げてほしいというものである。全体は一六頁ほどの小冊子で、内容は以下のとおりである。

一　舶来ピアノの激増
二　弊社の事業経営
　イ　弊社の沿革
　ロ　弊社の努力
三　わが国における楽器製造上の不便
　イ　国産原料品獲得の困難とその理由
　ロ　輸入原料関税の高率と工賃高騰に原因する部分品の高値
　ハ　関税の輸入楽器に及ぼす価格の影響
四　弊社製品の真価
五　ピアノ輸入税引き上げの急務
　イ　税率改正の必要
　ロ　税率改正の程度
　ハ　税率改正の急務
六　結　論
　付表　一　横浜、神戸、大阪三港経由ピアノ輸入額調表
　　　　二　日本楽器会社ピアノ輸出統計表

最初の「船来ピアノ激増」では、ピアノが戦時中はかなり輸出ができたのに、近頃はそれが激減したばかりでなく、ドイツ、イギリス、アメリカからの輸入ピアノが激増していることが語られる。横浜、神戸、大阪三港の関税調査を総合すると、一九二一（大正一〇）年度、約四〇万円、一九二二（大正一一）年、七一万余円に上る。一台およそ六〇〇円として計算すると、一九二一年度約六六〇台、一九二二年は一二〇〇台になろうとしており、船来ピアノの洪水と言っても過言ではない実情であると述べる。

次に、「弊社の沿革」でヤマハの沿革と現状が記されている。浜松市に本社と工場、支店を東京、大阪、大連、出張所を横浜、神戸、名古屋、奉天、分工場を横浜、釧路に設置し、山葉ピアノ、山葉オルガン、西川ピアノ、西川オルガン、蝶印ハーモニカ、卓上ピアノ、ベニヤ板、家具木工品、飛行機用プロペラなどを製作し、毎年六〇〇万円の売上げを計上している。

「弊社の努力」では、欧米の楽器を日本人の資本と技術者を使って作ることは「破天荒」のことであったが、ようやく外国品にひけを取らないものができるようになった。しかし、外国製品に心酔する人々がなお多く、輸入楽器に対する関税率が低下したため内国製品の市価が崩壊している、としている。

三「わが国における楽器製造上の不便」の項目では、まず、「国産原料品獲得の困難とその理由」で、日本では原料品または部分品製造業者が欧米と違って少ない。一般原料品については日本の生産者がいないわけではないが、品質はいまだに及ばない。

ヤマハは「相倚るべき同業者供給者無きため」まず、北海道に分工場を置いて木材を買い入れ、選木して製材部で挽き、数年間乾燥させて、木工部で外廓を作り、ベニヤ部で膠着し、鉄工部で鉄骨と金属部分品を製作加工し、塗工場で塗装し、アクション部で中機械（アクション）を作り、ピアノ部で張弦とアクションを取り付け、調律の上、ようやく販売部の手に移り、出荷するという順序である。そのため、部分品をたくさんのサプライヤーから集めて作る、外国製組み立てピアノと競争することは難しい、としている。

次に「輸入原料関税の高率と工賃の高騰に原因する部分品の高値」において、楽器製造に要する原料品部分品の自給自足は近い将来に実現することは難しいが、輸入材料に対する課税は比較的高率であり、ピアノハンマー、鍵盤用象牙、スプリング類その他楽器部分品及び付属品はすべて従価四割を課されている。さらに、大戦後の工賃が高騰している。高価な輸入材料と高騰した工賃と比較的多くの手工によって組み立てるピアノ、オルガンが、輸入品と競争する立場に置かれるのは厳しい、と説明している。

「関税の輸入楽器に及ぼす価格の影響」の項では、輸入税が明治四三年に制定された当時と大正一二年を比較している。ピアノ、オルガンは従量税で、一〇〇斤（一斤は六〇〇グラム）三四円四〇銭、オルガンは二三円一〇銭、アコーディオンは三〇円と定められていた。当時の輸入楽器に対して、従課四割課税の精神で制定された従量税であるが、物価が非常に高くなった大正一二年現在においては、従量課税標準は従価課税標準に匹敵せず、非常に格安の税率になっていると指摘する。

そして、山葉ピアノを例にシミュレーションし、明治四三年の時点では、従量税はピアノ原価（市価の三割ないし三割三分引き）に対して平均三割七分八厘の輸入税に相当したものが、価格が高騰した大正一二年では平均一割八分四厘の税率に低下していると述べる。そのため、楽器販売業者、輸入業者はもとより、何の経験もない商人、非商人《ママ》、船員などに至るまで輸入しようとしている、と現在の状況を述べている。

四「弊社製品の真価」では、ヤマハの製品が、内外の共進会や博覧会に出品して最高位の賞牌を得るもの数十を数え、音律仕上げなど、外国品に比べて遜色はない。実際、日本に在住している外国人に愛用されているだけでなく、シンガポール、上海、ホンコン、オーストラリア、南アジアの外国商人に供給している。大正六、七年頃には、オーストラリアだけでも二二〇台以上の直接輸出を行った。昨年、浜松市中沢工場の新築を終え、大正一〇年には横浜市西川楽器工場を合併し、製造能力一か月二〇〇台以上の設備がある。多年養成してきた、また養成しつつある専門技術者も少なくない。よって、外国製品の輸入がまったくなくなったと仮定しても、品質において、また製造能力において、国内の需要者の不自由不満足を招くことはない、と述べている。

五「ピアノ輸入税引き上げの急務」では、まず、「税率改正の必要」の項で、従価税制は物価と共に推移するのに対し、従量税制では創設当時の標準に従うので、時代に合わせようとするならば時々改正の必要があり、今がその時期であると説き、「税制改正の程度」では、内地製造業者の立場から言えば、「すでに原料品、部分品に従価四割の輸入税を負担し、それに高い工賃と高い金利を支払っている製品で外国品と競争するのであるから、日本製品の保護上、少なくとも従価五割に相当する輸入税を賦課してほしい」としている。そして、現行のピアノ輸入税一〇〇斤につき三四円四〇銭を一〇〇円五二銭程度に引き上げる決定をしてほしいとしている。さらに「税率改正の急務」の項で、最近七年間の横浜港輸入高を挙げている。そこでは、大正五年、一万二七一円だったものが、年々増加し、大正一一年には四四万六六六五円と実に四三倍に増加している。

いまや専門商人の手を離れて一般人でも多少意のあるもの外国品に手を染めている。もともと輸入品に定価はないので、あるいは不当なる高値で売り、あるいは（資金欠乏の輸入商が資金の必要上）法外の安価をもって投げ売りするなど、ほとんど需要家（消費者）に物品を選択する上で、価格に対する安心を失わせるだけでなく、長年の苦心と政府の保護によって経営している国内楽器製造業者に一大脅威を与え、その存立を危うくしつつあるといっても過言ではない、と述べている。

六「結論」で、ピアノオルガン等は楽器の中でも大宗（中心となるもの）であり、いまや音楽思想の発達につれ社会文化上国民教育上、ますます必要を認められ、需要も増加するものと確信される。ついては

横浜 神戸 大阪 三港経由ピアノ輸入額調べ表

	年度＼輸入港	横浜	神戸	大阪	合計
1914	大正３年	27.739.00	不詳	3.160.00	30.905.00
1915	大正４年	5.167.00	不詳	780.00	5.847.00
1916	大正５年	10.271.00	不詳	871.00	11.142.00
1917	大正６年	10.834.00	不詳	不詳	10.834.00
1918	大正７年	33.377.00	不詳	8.783.00	42.160.00
1919	大正８年	42.593.00	不詳	不詳	42.593.00
1920	大正９年	220.908.00	不詳	4.242.00	225.150.00
1921	大正10年	206.776.00	163.634.00	25.528.00	395.938.00
1922	大正11年	446.665.00	219.172.00	48.548.00	714.385.00

楽器会社ピアノ輸出統計表

西暦	年度＼輸出先	豪州	南洋印度	支那	南北米其他	合計
1917	大正６年	96	54	9	42	201
1918	大正７年	124	47	19	57	247
1919	大正８年	37	11	13	40	101
1920	大正９年	43	11	11	38	103
1921	大正10年	24	0	6	18	48
1922	大正11年	3	0	12	19	34

「国産奨励のご趣旨により、上来陳述せる所の事実をご参酌の上、重量税に属する楽器輸入税ご改正のご詮議をしていただきたく謹んで陳情する」と締めくくられる。

この陳情書には、二つの表がつけられている。「一、横浜、神戸、大阪、三港経由ピアノ輸入額調べ表」と「二、楽器会社ピアノ輸出統計表」である。

上表からは不明箇所はあるものの、三港いずれもピアノ輸入額が急増していることがわかる。特に、一九二〇年を境として伸びがすさまじく、一九一四（大正三）年と一九二二（大正一一）年を比べると、実に二三倍も輸入額が伸びている。ドイツの輸出攻勢が始まったことがよくわかる。輸入港としては横浜が多いが、大阪も伸びており、三木の輸入ピアノ販売が伸びていたことと符合する。

また、下表からは、ピアノの輸出は第一次世界大戦中の一九一八（大正七）年が最も多く、それから減少し、一九二二年には最盛時の七分の一以下に落ち込んでいることがわかる。戦争が終わると、国際競争力のない日本のピアノは海外に輸出できなくなってしまったことが示されている。

当時、日本のピアノ製造は、西川を吸収合併したヤマハがその九割近くを占め、いわば独占状態にあった。この文書からわかるように、ヤマハは当時、毎月二〇〇台以上のピアノを生産することが可能であり、またピアノの国内需要も非常に高まっていたにもかかわらず、日本製のピアノは売れ行きが悪く、輸出も激減していた。

そこで、陳情書では日本製ピアノを保護するために、関税の引き上げを陳情したのである。関税の上げ幅としてヤマハはおよそ三倍を要望した。

和製舶来対照（百分比）			
山葉ピアノ		輸入ピアノ	
台数%	金額%	台数%	金額%
69	68	31	32
90	90	10	10
94	92	6	8
94	89	6	11
80	73	20	27
84	78	16	22
58	52	42	48
52	54	48	46
35	33	65	67
29	25	71	75
54	47	46	53

「楽器関税問題に関する資料」

この陳情書に対して、追加の資料を出すように指示があったらしく、一九二四（大正一三）年八月二二日付で「楽器関税問題に関する資料」が農商務技師藤枝静雄宛てに提出された。この提出資料の手書きの控えが「旧幕臣箕輪家資料」の中に残されている。そこには、山葉ピアノの容積重量表と値段表、山葉オルガンの容積重量表と値段表、山葉ピアノの原価と販売値段表、製品販売系統図表、玩具楽器種別表、そして内地ピアノ需要高調表が収められている。

ここで注目したいのは、「内地ピアノ需要高調表」で

内地ピアノ需要高調表

		山葉ピアノ		輸入ピアノ		合計	
		台数	金額	台数	金額	台数	金額
1914	大正３年	124	59,464.000	56	28,522.000	180	87,986.000
1915	大正４年	152	67,370.000	16	7,301.000	168	74,671.000
1916	大正５年	308	137,333.000	21	11,899.000	329	149,232.000
1917	大正６年	408	136,621.250	26	17,278.000	434	153,899.250
1918	大正７年	403	168,408.650	98	63,446.000	501	231,854.650
1919	大正８年	666	313,138.500	125	86,513.000	791	399,651.500
1920	大正９年	583	350,538.000	417	319,082.000	1000	669,620.000
1921	大正10年	600	472,158.750	561	395,033.000	1161	867,191.750
1922	大正11年	577	355,025.700	1072	717,385.000	1649	1,072,410.700
1923	大正12年	558	322,649.260	1385	991,026.000	1943	1,313,675.260
	十ヶ年合計	4379	2,382,707.110	3777	2,637,485.000	8156	5,020,192.110

ある。従来、大野木らの研究によって、この時期のピアノの年ごとの生産台数は分かっていたが、実際の販売台数は知られていなかった。また、外国製ピアノが増大したことは知られていても、日本の楽器需要に占める外国製品の割合はどれだけを外国製品が占めていたかについては分かっていなかった。それを明らかにしたのがこの表である。

この表によれば、第一次世界大戦が始まった一九一四（大正三）年には、山葉ピアノと輸入ピアノの合計販売台数は一八〇台だったが、一九二三（大正一二）年には、一九四三台に急増している。一〇倍以上である。ところが、山葉ピアノの売れ行きは一九一九（大正八）年の六六六台をピークに減少し、一九二三年には五五八台しか売れていない。一方、輸入ピアノは一三八五台売れている。ヤマハは月産二〇〇台以上、年産二四〇〇台以上の生産能力があるにもかかわらず、楽器の売り上げにはまったく結びついていなかったことがわかる。生産しても、在庫が積み上がるばかりであった。アメリカ人技術者のトーマス・ベイカーが語っていたように、当時の日本では、日本製のピアノよりも外国製のピアノが好まれていたのである。

八　労働争議

ヤマハの労働争議については、この争議を詳細に記録した四八〇頁にも及ぶ大庭伸介の『浜松・ヤマハ争議の研究』がある。[*15] 大庭は会社側の状況については、大野木吉兵衛の研究を基に天野体制下の諸矛盾をまとめている。要は、山葉直吉を始め、山葉一族との軋轢《あつれき》、箕輪との軋轢、公私混同の人事、管理統括する運営のずさんさ、合併・拡張・災害復旧などの重なる資金需要に対し、社内留保によるのではなく総額二五〇万円にも及ぶ社債を発行して、借入金に依存し、手持ち資産の過大評価による配当金捻出策を取ったことなど、課題は山積していた。

また、社長の天野と専務の箕輪との関係については、箕輪の方は、会社経験を持たない天野のワンマン的振る舞いを快く思うはずもなく、一方、天野にしてみれば、三井財閥をバックに山葉直吉を抱き込んだ箕輪が煙たい存在であった。

ヤマハでは、特にハーモニカ部門で生産過剰と商品の売れ残りから一九二〇（大正九）年以降たびたび大量解雇が行われ、労働争議が起こっていたが、そこに、日本労働組合評議会系の浜松合同労働組合の活動家が入り、組合活動を組織していった。

一九二六（大正一五）年一月から二月にかけて、浜松では鈴木織機の争議が起こり、その際、労働者側が雇用条件面で勝利していた。そのことに力を得た労働者側は、四月二一日、職工代表と合同労組指導者が、山葉直吉に一〇〇〇名あまりが連署した一二条からなる嘆願書を提出する。内容は衛生施設の完備や退職金・最低賃金の規定、正月連休の短縮、年二回の慰安会開催などの職場環境や労働条件に関する要望であった。

重役の中で、箕輪や宮本甚七、山葉直吉らは柔軟に対応すべきだと主張したが、内務省上がりの天野はあくまでも強硬な対決路線を取ったため、労使の対立はエスカレートして、ついに四月二六日から一〇五日間に及ぶストライキに突入した。

闘争が激しくなるにつれて、組合側、経営側ともに強硬派、穏健派に分かれて溝が深まり、深刻さの度合いは増していった。天野は右翼団体を雇い、彼らは日本刀で組合員を襲撃する事件を起こした。警察は右翼の介入を見て見ないふりをしたことから、一部の組合員が過激な行動に走り、木材置き場への放火や、役員宅へのダイナマイト投げ込みなどが起こった。

最終的に調停機関の斡旋によって、八月八日、会社側は解雇手当三万円と見舞金八〇〇〇円を出し、従業員側は三四八名の解雇を認めて、争議はようやく終わった。全職工の三割近くが解雇された。

形の上では組合の要求をはねのけて会社が勝利したように見えたが、ストライキによる被害は甚大で、巨額の赤字を抱えることになった。しかも、天野はストライキでこうむった損失を新規借り入れで補塡しようとしたことから、役員会で責任を追及された。退任を拒否する天野に対し、一九二七（昭和二）年一月の役員会では住友電線の川上嘉市取締役の招請が決定され、天野の四月退陣が決まった。しかし、天野が実際に取締役の座を降りたのは、翌年六月だった。

天野と関係の深かった技師長・アクション部長の河合小市は七人の部下と共に退職、一九二七年八月には河合楽器研究所を設立する。一方、工場長・ピアノ部長の直吉も同年二月、病気を理由に休職し、翌一九二八年八月、川上嘉市のヤマハ社長就任を機に退職する。会社の業績悪化と社内の混乱、さらに金融恐慌が重なり、一九二七年上半期は六七万六三三二円の赤字を出し、借金は二七〇万円、株価は額面の半分に満たない状況となった。こうした中で、川上嘉市が三代目社長に就任したのである。

第五章　昭和戦前期

一　川上嘉市のヤマハ再建

川上嘉市

一九二七（昭和二）年五月三〇日の臨時株主総会で、正式に日本楽器製造株式会社（ヤマハ）の第三代社長に就任した川上嘉市は、一八八五（明治一八）年三月一日、浜名郡小野口村内野（現浜北区内野）に生まれた。浜松中学校、第一高等学校を経て、東京帝国大学とエリートコースを歩み、工学部で応用化学を専攻した。成績優秀で大学卒業時には天皇陛下から銀時計を授与された。卒業後の一九〇九（明治四二）年、東京瓦斯株式会社に入社。翌年には工場長に就任したが、住友電線（現住友電工）に引き抜かれて移籍した。住友時代の一九一四（大正三）年にはドイツ、イギリス、フランスに留学し、アメリカを回って帰国している。その後、部長に昇進し、一九二五（大正一四）年には同社の取締役に就任した。

混乱極まるヤマハの立て直しのために川上嘉市に白羽の矢を立てたのは、山葉寅楠の知己であり、ヤマハの重役で、浜松の四大会社のうちの二社、日本形染と帝国制帽を創立した浜松商工会議所会頭でもある宮本甚七であった。宮本が川上に注目したのは、当地出身で自分でも株主だった川上が、かつてヤマハの総会に来て宮本に漏らした経営批判が非凡だったことに起因するという。

川上嘉市はヤマハの社長に就任することを友人や親族から猛反対されたが、「日本楽器という会社は、自分の出身地なる静岡県として、ことに浜松としては、どうしても潰すことのできない会社でもあり、また国家的に申しましても、洋楽器を作る代表的な本邦唯一と言ってもいい会社と思い」その会社の更生と発展を願って社長を引き受けたと語っている。[*1]

住友電線の取締役に就任していたとはいえ、川上にとって、住友での処遇は必ずしも満足のいくものではなかったこともその裏にはあった。[*2] また、当時は三井、三菱、住友などの財閥の系列化が進んでいた時期でもあり、川上嘉市の社長就任は、この時代に住友資本が進めた系列化の動きの一環で、住友から送り込まれたという面もあった。川上嘉市は住友から出資を受けて、資本金を四〇〇万円に増す一方、人材も派遣してもらった。

川上嘉市は就任後「大方針」七項目を定め、ヤマハをまとめ直した。その七項目とは、一、綱紀の粛正、二、人事の公平及び整理、三、作業の合理化、四、営業の組織系統化、五、借入金の整理及び金融の改善、六、社員の養成、指導、七、営業成績の向上、である。いずれも、前社長の時代に問題になっていた点を改善するものであった。

川上嘉市

二　ヴィリー・エールシュレーゲルとヤマハピアノ

ヴィリー・エールシュレーゲルの指導

ヴィリー・エールシュレーゲルは天野が社長だった時代、一九二六（大正一五）年一月、ヤマハのピアノ技術指導者として招聘した人物である。ちなみに、ヤマハの『社史』もそのほかの本も、すべて、エール・シュレーゲルと表記し、エールを名前、シュレーゲルを姓として扱っているが、これは誤りで、正確にはヴイリー・エールシュレーゲルが正しい。本人のサインもそのように記されている。エールシュレーゲルに関して最も詳しく書いているのは大野木吉兵衛で、その論文には、エールシュレーゲルが上級技術学校出の肩書を持つフォアマン（職工長）級の技術者で、そのピアノ製作歴は数十年に及び、ベヒシュタイン入社以前は、ブリュートナー社にも身を寄せたといわれていること、そして、エールシュレーゲルを仲介したのは、東京の輸入商L・レイポルドだったという、等が書かれている。*3

ヴィリー・エールシュレーゲル

さて、ヤマハの創業以来の精神は、山葉寅楠のいう「一人の外人も雇わず、また一回も外人の指揮を受けず」であった。先述したように、西川楽器に雇われていたトーマス・ベイカーを、西川楽器の吸収合併後に浜松に呼んだものの、ベイカーの能力を生かすには至らなかった。

しかし、前章で見たように、第一次世界大戦後、ドイツからの輸入ピアノが激増し、ヤマハのピアノは売れなくなっていた。社長の天野としては、ヤマハが国内専売権を獲得しているドイツの名門、ベヒシュタイン社から技師を招聘して、ヤマハのピアノのイメージアップを図ると共に、ピアノ製造のテコ入れをしたいと考えたのであろう。年俸一万円という高給でエールシュレーゲルを招聘した。ちなみに、当時、普通の技術者は月給三、四〇円、社長よりも高給を取っていたプロペラ課長の長淵三郎でさえ、月給は三五〇円ぐらいだったという。

もっとも、エールシュレーゲルよりも少し早く、一九二二（大正一一）年にドイツから愛知医科大学に招聘された世界的生化学者のレオノール・ミハエリス（ミカエリス）の場合、年俸はさらに高額の一万二〇〇〇円で、学長の年俸の二倍であった。そして、いざ、ミハエリスの教室が開設されると、その名声を聞いて、全国から優秀な研究生が集まり、活発な研究が行われた。ミハエリスはまた、日本の各地で講演を行い、日本の生化学の発展に大いに貢献したのち、アメリカに移って活躍し、同地で死去した。「費用対効果」が十分に上がるならば、優秀な人材は高い買い物ではない。

しかし、エールシュレーゲルの場合は、来日して三か月後には、会社は大争議が始まって騒然となり、社内は純国産志向推進派と外国技術導入推進派とに分かれ、日本人技師たちの抵抗もあって、せっかくのエールシュレーゲルの指導が役立っていなかった。

そこで、新しく社長に就任した川上は、エールシュレーゲルの契約期間を延長し、エールシュレーゲルに日本人技師、工員を指導する権限を与える一方、工場長の命令に従うよう定めた。[*4] ちょうどヤマハは争議後、天野社長派だった技師長の河合小市が退社し、工場長であった山葉直吉も争議の責任を取って辞職し、ピアノ部門はトップ二人が抜けた状態であった。ここでようやく、エールシュレーゲルの能力が活かされることになった。

エールシュレーゲルの指導は徹底しており、会社を混乱に陥れるほどだったが、彼に学んだ山葉直吉や河合小市の高弟たち、松山乾次、宮本繁、森　健、大橋幡岩らは、口々にエールシュレーゲルを称賛している。松山乾次は山葉直吉の娘婿で、のちにヤマハの常務取締役になるが、「私はラッキーにも徒弟を卒業した直後から、彼〔エールシュレーゲル〕の指導を受けることになった。ただ動けばよいと思っていた鍵盤やアクションの動きにも、最良の動きが要求され、またその理論が詳細に教えられた」「当時……レオ・シロタ先生が〔エール〕シュレーゲル氏の招きで来社し、ピアノ工場の真ん中で作業者全員を集めて演奏を聴かせたことなど、音楽と楽器の関係について生きた教育を行ったことは感心するほかない」と述べている。[*5]

レオ・シロタ（一八八五〜一九六五）はウクライナ生まれのピアニストで、ベルリンでブゾーニに師事した。ヨーロッパで演奏活動を行ったのち、一九二九（昭和四）年に初来日し、その後、東京音楽学校で多くのピアニストを育てたことで知られる。エールシュレーゲルは一流のピアニストを浜松まで呼んで、工員たちにその生演奏を聴かせたのである。これは当時としては画期的なことだった。

松山はまた、「彼は設計はあまりやらなかったが、一台ずつ弾きやすいタッチに直す整調の達人だった。従来規格にさえ合えばよいとされていたのを改善した、この功績は大である。招聘の効果は充分あった」と述べている。[*6] エールシュレーゲルはピアノのあるべき姿をヤマハの工員たちに教えたと言ってもよいだろう。

一方、宮本繁は、戦後、ヤマハからカワイに移った技術者だが、次のように語っている。「彼は、仕上げた内部に自らサインする根性の持主で、その勤勉魂にも敬服した。手厳しい整調・検品の規格は、まさに彼が据えたものである。また、彼の活動に触れて、皆が勉強し合う刺激が湧いてきた」

さらに、河合小市の独立に貢献し、戦後は森技術研究所を創設した森 健も語る。

「彼は整調の名人で、低音を出してこそ一人前の技師だと教わったが、よく工場を見回り、工員に手垢の汚れを口やかましく注意したり、自分の作るものがピアノのどこに納まるのかを知らなくては駄目だと啓発するなど、現場管理にも目を光らせた。また、整音室内壁の外側にオンドル式の空間を設け、それに防音用の鉋屑《かんなくず》を詰めて、無音室を造ったのも彼である。彼を得て、ヤマハ・ピアノは丸っきり変わってしまった」

また、山葉直吉の高弟で、戦後、大橋ピアノを創設した大橋幡岩も次のように述べている。

「彼は立派な技術者であり、その克明な小言を聞いて感心させられたことは実に多い。彼の言動には、とにかく本場仕込の芯が通っていた。彼が来なければ、日楽〔ヤマハ〕の技術は旧態依然のままだったであろう。彼の功績は絶大であり、彼を境に日楽の、否日本のピアノは生まれ変わったとさえいえると思う」

大橋幡岩はこまめに記録をつけ、また語学が堪能であった。彼が残した書類の中には「シュレーゲル氏報告書より」と題する一一頁のタイプ印刷の冊子がある。そこから、エールシュレーゲルの指導が、ピアノ用の木材選びにまで及んでいたこと、また、良い音を得るために、ドイツで決めていた弦の長さや打弦点まで日本の木材の性質に合わせて変える、さまざまな工夫を行ったことが分かる。幡岩はこのとき、木取部次席であったが、彼のノートにはドイツ式の素材特性検査やフレームの加圧破壊実験のことなどが記されている。[*7]

エールシュレーゲルの来日によって、ヤマハは、それまで山葉直吉や河合小市らが試行錯誤を重ねて独自のノウハウによって作り上げていたスタインウェイをモデルとする路線から、ベヒシュタインをモデルにする路線に変わった。

『ヤマハ草創譜』には、エールシュレーゲルがその指導期間中に技術習得優秀者に対して与えた手書きの推薦状の写真が掲載されている。[*8] その説明によれば、この推薦状はピアノ技術者にとって、その生業や将来が保障されるほどの絶対的な効力を持つものだったという。

幻のエールシュレーゲルを求めて

指導を受けた弟子たちが「ベヒシュタインがヤマハと輸入販売の契約を結んでいるとはいえ、よくぞこれほど優秀な技術者を送ってよこしたものだ」と不思議がるほどだったという[*9]ヴィリー・エールシュレーゲルとは、いったいどんな人物だったのだろうか？　残っている写真を見ると、五〇がらみの壮年男性であるが、それ以外のことは実は分かっていない。

そこで、ドイツのベヒシュタイン本社に問い合わせをした。色々調べてくれたが、まったく不明との返事だった。ヤマハ広報部にも尋ねてみたが、出版されている資料のほかに、社内資料には残っていないとのこと。また、一九二一（大正一〇）年にベヒシュタイン社との間で結ばれた契約が、いつまで続いたかについても不明との返事だった。ベヒシュタインもヤマハも戦災に遭っているため、残っている資料が少ないのである。

次に、ベルリン留学中の知人に依頼して、関係する文献や雑誌、該当する年のベルリンの住所録などを調査したが、エールシュレーゲルに関する情報はまったく見つからなかった。そこで、ドイツのピアノ技師の職業団体、ブント・ドイッチャー・クラヴィアバウアーに問合わせたところ、すぐに会員からいくつかの情報が寄せられた。しかし、残念ながら、ヤマハに招聘されたエールシュレーゲルと同一人物だと確定できる情報はなかった。やりとりの中で、ドイツ人のピアノ製作者であれば、ふつうはどこかに名前が登録されているか、情報が残っているはずなので、ヴィリー・エールシュレーゲルはドイツ人のピアノ製作者ではなかったのではないか、という意見も出た。

エールシュレーゲルは自身で「ベルリン、ベヒシュタイン会社、元指導技師」と署名しているが、ベヒシュタインの本社から直接、ヤマハに派遣されてきたわけではなく、東京の輸入商会L・レイポルドの仲介だったというところも気にかかる。

L・レイポルドは、一九〇五年に「レイポルド商館」として設立されたドイツ系の商社で、現在まで存続している。一九〇七年、早世した初代の後を継いで、支配人となったハンブルク生まれのクルト・マイスナー博士（一八八五〜一九七六）の下で、L・レイポルド商会は飛躍的な発展を遂げたが、時期から見ても、エールシュレーゲルを仲介したのは、このマイスナー博士だったと思われる。この会社にも問い合わせたが、さすがに昔のことで、エールシュレーゲルに関する資料は残っていなかった。

いったい、エールシュレーゲルとは、何者だったのだろうか。ピアノ技師としての腕が確かであったことは疑いないし、ベヒシュタインに勤めていたことも確かであろうが、ドイツ在住のドイツ人ピアノ技師だったのかさえ現時点では不明で、謎は深まるばかりである。

一九二九（昭和四）年の山葉ピアノ

ともあれ、当時、ヤマハはエールシュレーゲルの指導を大いに宣伝した。一九二九（昭和四）年九月に出版された『日本楽器製造株式会社の現況』のピアノの項目を見てみよう。[*10] ここでは、エールシュレーゲルの招聘について、同氏は「自ら工場に立ちて……技術優秀なる多数の技術員と、帝大及び高工等出身にして……理論と実際の両方面に研究を積める多数の技師を督励し、厳密なる検査をなし、懇篤なる指導をなしつつあり」と述べる。

また、来日したピアニストのレオ・シロタがコンサートで山葉ピアノを使用して「独米の最優秀品と全然同等なりと推奨」したことを述べ、東京音楽学校ピアノ科のコハンスキー教授やラウトルップ教授などの品質証明書を掲げている。使用原料についても、ほかのピアノ工場がとても使えないような高級品を使っていることを宣伝している。一例として、ピアノ線はドイツのモリッツ・ペールマン社製品を使い、ヤマハがその独占代理権を所有していることを誇り、「小工場の到底企及〔肩を並べること〕しえざる当社独特の権益なり」と語る。これは、当時、独立して楽器作りを開始した河合小市へのあてつけでもあったのだろうか。

ここで注目されるのは、塗装についてである。「塗料は大部分はわが国の風土に最も適せる漆を使用し、主として黒塗とす……ピアノの外郭は旧来ワニス〔ニス〕塗に限られ、当社においても最初は外国よりピアノ専用のワニスを輸入して使用したることあるも、漆をもって最上とす。漆はまったくわが国の湿潤なる気候風土に適する欧米に見ざる独特の塗料なり」としている。

ちなみに、ピアノの塗装は、ヤマハでは戦前にはおおむね漆が使用されていたが、その漆は、大部分が中国及び仏領インドシナ等に産出するもので、戦後の日本では大量に使用することができなくなったため、漆は使われなくなった。実は、漆は塗ってから乾かすときに、湿度の高い部屋でゆっくり乾かさなければならないので、湿度を嫌う楽器としてはよくない。また、幾重にも厚く塗りつけるので、その結果、木材本来の音響特性を損ねてしまうという問題もあった。[*11]

ピアノの需要と輸入ピアノの比率

『日本楽器製造株式会社の現況』の「わが国におけるピアノの需要の状態」という項では、当時の日本におけるピアノの需要は推定約二五〇〇台前後と述べ、そのうち約七割はヤマハ、三割内外は輸入品とヤマハ以外の内地製品だとしている。つまり、一七五〇台ほどがヤマハ、残りの七五〇台が輸入品と内地の同業他社ということである。

前章で見た「内地ピアノ需要高調表」では、一九二三（大正一二）年の時点で、ヤマハのピアノと輸入ピアノの割合はおよそ三対七であったものが、一九二九（昭和四）年には七対三に逆転していることが分かる。ヤマハから出された陳情書も奏功して、輸入ピアノの関税が引き上げられたのである。輸入ピアノに従価税で五割の関税がかけられるようになったため、輸入は激減した。

三　河合小市の独立

河合楽器研究所

さて、一九二七（昭和二）年、ヤマハを退職した河合小市は、当時四一歳であった。まもなく、小市の後を追って、愛弟子たちもヤマハを退職して集まってきた。その中には、のちに「河合の三太郎」と呼ばれることになる、平出幸太郎、県　松太郎、伊藤勝太郎らがいた。この年八月、この三人に森　健、斎藤哲一、杉本義次、青木金吉らが加わり七人が中核となり、浜松市寺島町に河合楽器研究所の看板を掲げた。現在の河合楽器製作所（以後、原則としてカワイと表記する）の本社所在地である。

このとき、小市が「研究所」と命名したのは、ヤマハからの圧力を避けたいという思いと、楽器製作の技術研究へのこだわりをこめたからである。

河合楽器研究所（1927年　浜松市）創業当時の正門前で、河合小市と仲間たち

カワイグランドピアノ第1号（1928年発売、グランドピアノ平台1号）

とはいえ、まともな機械もなく、ほとんど手作業だった。最初に作ったのは六四鍵の小型のアップライトピアノである。彼らはピアノの図面を引き、手作りで「昭和型」と名付けたこのピアノを完成させた。小さいながらピアノとしての基本性能をすべて備え、価格は三五〇円と破格の安さに設定したことで、このアップライトピアノはたちまち評判を呼んだ。山葉ピアノは当時アップライトでも、六五〇円だったという。

この成果を踏まえ、一九二八（昭和三）年には標準のアップライトピアノA号を発売、つづいてグランドピアノ第一号を製作している。このグランドピアノは河合小市が直接設計、指示して、伊藤勝太郎、青木金吉、森健、平出幸太郎、杉本義次、鳥井ヒデジが製作した。それを、昭和天皇即位の御大典記念として、篤志家三人が購入し、天竜市山東小学校に寄贈した。価格は九五〇円だった。現在、この楽器は、カワイのピアノ歴史資料室に所蔵されている。

当時のことを、一九六三（昭和三八）年、関係者が座談会で語っているので、その一部を紹介しよう。[*12]

（当時の思い出）

森　あのピアノ（グランドピアノ）を作る当時、浜松でグランドピアノの化粧板をひける製材工場がなかったんです。で、今うちにいる松村君が……手で引いたのです。十三尺だかの樺ですがね。あの時分は木材の良いのがあったから、そいつを手ノコで引いて作ったものです。

森　自動鉋もあるにはあったが、古い焼けた機械でしょ？（笑）精度が悪くて削れないんです。

司会　今、舞阪工場で一千種類ある仕事を数百人で手分けしてやっているんですが、それをまず三人か五人でやられたわけですね。

伊藤　そうです。

平出　こちらにきた時に、日本楽器で私が内部の方のピアノアクションをやっておりまして、伊藤さんが木工仕上げ、県さんが木工機械をやっておりました。そういうものが組んでやったのですから比較的具合いよくいきました。

伊藤　その上、皆自分の部下がおりましたので、それがこちらへ来ていろいろと手伝ってくれたわけです。日本楽器で労働争議があったために、宙ぶらりんになっていた連中が皆来たんです。

森　労働争議で首になった人たちは非常に律儀なものなのです。どうせやったのだから、みっともないから途中でお辞儀なんかするなというような調子でね。

司会　気合いがはいっているんですね。

森　そういうようなわけで首になってしまったんです。みんな立派な優秀な技術者でしたがね。それがこっちへ来ないかというと喜んできたわけなんです。労働評議会というものでこりていたものですから、会なんていう会はしじみ貝でもいやだといって……（笑）。みんな一生懸命やってくれました。

平出　職長級の人ばかり集まりました。素人は一人もいませんでした。

森　みんな少なくとも十年選手なんです。それが炭屋とか八百屋になっていまして……。

司会　ははあ、ご自分の家業かなんかに転職して、それからまた、ここに入られたというわけですね。

森　そうです。

（その時分の乾燥技術）

森　乾燥機というようなものはありませんでした。

司会　天然乾燥だけですか？

森　そうです。
伊藤　屋根になわをかけて板を乾かしたものです。
司会　すると天日で乾かしただけで加工にはいるのですか？
伊藤　その後カマに入れますよ。
司会　やはりカマに入れたわけですか？
伊藤　ええ、初めはぬらすのです。初めぬらして水分を雨と一緒に発散させてしまう。そうしておいてあとは屋根裏にのせまして、下の方でニカワを使ったりして火をたきます。こうして乾燥するわけです。だから乾燥といっても実際は天然乾燥と同じようなものです。
平出　数量が少ないからできたんだな（笑）
伊藤　雨でぬらして天日で乾かして、割れるところは割れ、ちゃんとしたものを屋根裏にのせておいたら、これ位完全なものはありません。ですから響板なんか割り合い完全なものじゃないかと思います。
司会　最近はそういうところまでやっている会社はまずないでしょう。
森　経済的に持たないですよ（笑）。夜、雨が降りそうになると戸をどんどん（笑）と叩いて、雨が降りそうだぞというわけで、すると社長と二人で板をかついで家の中に入れるのです。天候を見計らって外に出し、またかついで工場に入れるのです。量が少ないからできるのですが、今みたいに何万石になるとそういうわけにはいきません。

こうした証言から、河合小市の下では、文字通り手作りでピアノを作り始めたことが分かる。また、ヤマハの労働争議で大量解雇された職長級の有能な人材が河合小市の下に集まってきたこともうかがえる。ピアノのフレームなど、多くの金属部品は外部に頼まざるを得ず、その経費を考えれば利益の上がるものではなかったが、小市と職人たちは一日一五時間でも必死に働いてピアノを作った。
ピアノのフレームの鋳造を依頼された朝比奈金蔵は、河合楽器研究所創業と同時にペダルその他真鍮鋳物の発注を受け、フレームも作るようになった。朝比奈は最初に河合小市に会ったとたん「朝比奈さん、フレームをただの鉄のかたまりと思ってくださるな。鋳物を作るのではありません。楽器作りに携わる人々すべてが音を作ってください」と言われたと述懐している。[*13]
こうして作られたカワイのピアノは、名古屋の佐藤商会がすぐに販売を引き受け、さらに、大阪の三木楽器も加わった。三木楽器はカワイで製造されたピアノを自社のブランド名をつけて販売することを企画し、カワイと契約を結んだ。従業員はしだいに増え、工場も設備も拡張していった。先行きの見通しが立ったことで、小市は一九二九（昭和四）年六月、社名を「河合楽器製作所」に改称した。

小市の特許

一九二八（昭和三）年、グランドピアノ第一号に先だって製作されたアップライトA号の製作の際、考案されたのが「自在アクション」である。これは、それまでの方式によらず、独自の方法で打鍵を弦に伝達する優れた仕組みを持つもので、特許を認められた。[*14] 翌年には、新式のピアノの響板が考案され、これも特許となった。ヤマハ在籍中から、数多くの発明、新案開発を行っていた小市は、独立後は、積極的に特許や実用新案を申請していった。その数は一九二六（大正一五）年から一九五六（昭和三一）年までの三〇年間に二八件にのぼり、その多くがピアノとオルガンに関するものだった。この中でも、アクションと響板に関する特許は国際的なものだった。[*15] カワイの社報に掲載された「四〇年の歩み」（一九六七年七月）には、昭和四年一〇月のこととして「ピアノの響板の発明がなされ、日本、フランスにおいて特許を得ました」と書かれており、実際、フランスで認められたピアノに関する特許一覧の中に、一九三〇年、

KAWAI（日本）による「ピアノの響板」が入っている。[*16]

一九三五（昭和一〇）年二月、河合小市はカワイを合名会社（資本金五〇万円）に改組したが、株式会社にはしなかった。彼は、ヤマハでの川上嘉市の登場を住友資本による乗っ取りと見なしていたのである。

カワイはその後、ヤマハのライバルとしての地位を着実に固めた。一九三四（昭和九）年三月刊行の「静岡県工場名簿」では、ヤマハの従業員数、一〇二八名に対し、カワイは一七五名であったが、一九三七（昭和一二）年度の浜松商工会議所刊の統計によれば、カワイは六〇〇名に増えていることからもわかる。

カワイはピアノに次いで、一九三〇（昭和五）年からはオルガンを製作し始めた。一台三〇円という値段を抑えたオルガンで、海外輸出のきっかけを作ったが、良質廉価の製造販売方針のため、事業は苦しかった。

しかし、一九三四（昭和九）年に製造を開始したハーモニカが大ヒットし、業績は持ち直し、カワイの知名度も上がった。このハーモニカには、河合小市が一九二六（大正一五）年に実用新案を取得した「塗孔ハーモニカ」の技術が使われていた。この技術は吹奏口の木質の全面に特殊な防湿材料を塗り、木質部分の湿気のしみこみを防ぎ、空気の流れをなめらかにするようにしたもので、音質は変わらず、低価格ということもあって、飛ぶように売れたのである。

河合小市と山葉直吉

独立後、河合小市は山葉直吉のところに指導を仰ぎに行ったというエピソードが残されている。小市は白昼堂々と訪れたのだが、万事慎重な直吉はこれを叱り、夜、人目をしのんでくるようにと促し、二人は往来を重ねたという。

河合楽器が力をつけると共に、同社に対するヤマハの圧力は増していった。その後、小市はヤマハに対してオルガンの空気箱の機構をめぐる訴訟を起こすが、そのときは、山葉直吉の忠告を受け入れてこれを取り下げた。[*17] カワイとヤマハとの間には、戦後も、さまざまなトラブルが起きるが、その根は戦前から始まっていたのである。

四　山葉直吉、大橋幡岩と名器「Nヤマハ」

「Nヤマハ」というピアノは山葉直吉が立ち上げた「山葉ピアノ研究所」で作られた名器で、大橋幡岩の設計によるアップライトピアノである。この楽器は一九二九（昭和四）年三月、第一号が作られ、一九三二（昭和七）年九月に生産された第三四号をもって終了した。

一九二七（昭和二）年二月、山葉直吉は病気を理由にヤマハを休職した。大橋幡岩も直吉の後を追ってヤマハを退社することを決意するが、なかなか退社は認められず、翌一九二八（昭和三）年六月二〇日にようやく辞表を提出した。一九〇九（明治四二）年四月、一三歳で入社以来一九年間在籍したヤマハを、幡岩は退職したのである。直吉の方も、一九二八（昭和三）年八月、ヤマハを正式に退社した。同年一〇月、山葉直吉は「山葉ピアノ研究所」を設立する。「研究所」といっても、自宅の敷地内に新築した小さな工場だった。代表は山葉直吉、所長は大橋幡岩。幡岩は三二歳であった。ここに腕利きの職人たちが集まって、ピアノ作りに取り掛かった。

山葉直吉

大橋幡岩の「備忘録」の抜粋から、幡岩がヤマハを退社する前に、すでにピアノ作りの準備を進めていたことが分かる。*18

一九二八（昭和三年）五月の幡岩の行動を見てみると以下のような日程である。

上京（四日）、日満貿易にシルバースプルース、チューニングピン、ミュージックワイヤーなど百台分の価格調査を依頼（七日）、三井物産に響板用材の見積り依頼（十日）、部品、約二千円分を発注（十一日）、ザイラーピアノを検分、不良（十三日）、大阪出張（二十六日）、三木楽器でローゼンクランツピアノ検分、優良。モデルピアノとして最適（二十七日）、アクションモデル製作に着手（二十八日）、主人（直吉）に三井物産への保証金準備と手続き依頼。辞表提出を今月三十一日とする（二十九日）。

幡岩は、新しい研究所で作るピアノのモデルを探しに東京に行き、まずザイラーピアノを試したが気に入らず、次いで大阪の三木楽器に出かけてローゼンクランツを試弾して、これをモデルにすることを決定する。

七月二〇日、作業を開始し、八月には三井物産に巻線機とカエデ材を発注する。

必要としたさまざまな機械類は三井物産に発注している。河合小市同様、山葉直吉や大橋幡岩は住友系列の川上新社長に対して、複雑な思いを抱いていたと思われる。八月二四日には名古屋に行き、太平製作所にラジアルドリルを発注し、二六日には木型職人森田にピアノフレーム鋳造のための木型製作を依頼している。

九月四日、鍵盤材の木取りを行い、一五日には再び上京して、ヤマハの横浜工場に行っている。そこは元の西川楽器の工場で、ヤマハに吸収合併されてからも、西川ブランドでピアノやオルガンを作っていた。

さらに、蒲田ピアノの斎藤喜一郎を訪問している。

　ところが、一〇月三日、山葉直吉と一緒に木型屋に行ってみたところ、仕事は一向に進んでいない。言い訳を聞いているうちにじれったくなった幡岩は、預けてあったものを全部持ち帰り、自分で木型を作り始めた。幡岩に師事した調律師の氏家平八郎によれば、設計者自身が木型作りまで行ったのは幡岩だけだろうとのこと。このあと、作業ミスや材料不足、予期せぬ大雨などに右往左往しながら、ようやく一一月にフレームの完成にこぎつける。アクションも入荷し、自分で設計したポーリングマシンもできあがってくる。

　ここから、試行錯誤しながら作業を続け、ついに、翌一九二九（昭和四）年三月一〇日、第一号が完成。幡岩は「主人〔直吉〕検品の結果、優良と認める」と備忘録に記している。このピアノはR型と呼ばれ、高さ一二五センチ、この一年三か月後から、B型（一三〇センチ）も製作される。

大橋幡岩

　これら二つのアップライトピアノは、いずれもドイツの名門ローゼンクランツのアップライトピアノ九号型（八五鍵、高さ一二五センチ）をモデルにしていたが、単にローゼンクランツをまねたものではなかった。[*19]

　こうして、Nヤマハ第一号を完成させた幡岩は、その後、響板の厚みと形状、短駒座板の厚みの変更など、さまざまな改良を重ねながら、一九三二（昭和七）年九月までに、B型四台、R型三〇台の計三四台を製造した。

　氏家によれば、使用された部品メーカーと数量の確認ができたのは、三四台中、アクションはドイツのレンナー社製が一八台、ヤマハ製一台、そして、ハンマーはレンナー社製が一〇台だけとのこと。ちなみに、ヤマハで最初にハンマーが製造されたのは一九三三（昭和八）年なので、Nヤマハにはヤマハ製のハンマーは使われていない。

鍵盤はレンナー製一台、ヤマハ製七台、メーカー不詳舶来製三台、ヤマハ製をNヤマハスケールに改造したもの一台、残りの二二台は自社製鍵盤と考えられるという。

木材は、ピン板（チューニングピンを埋め込む板）用に天竜産カエデ、岐阜産ブナ、ドイツ産ブナ、駒用にドイツ産ブナ、アメリカ産カエデ、響板用に北海道天塩産のマツ、外装用にクルミ、カバ、ウォールナットが使われていた。B型にはアグラフ（弦を押さえるためのパーツ。通常はグランドピアノに使用する）方式、R型の三台には高音部にダブルベアリング方式が採用されている。[*20] こうしたことから、Nヤマハは当時の最高級のアップライトピアノを目指して作られていたことが分かる。

R型の価格はローゼンクランツA型より一〇〇円安い一二五〇円と設定したが、作る先から買い手がつくほどの人気だった。

三木楽器との関係

一九二九（昭和四）年三月一〇日、Nヤマハ第一号が完成すると、早速三月二〇日に大阪から三木楽器の藤岡支配人、河合小市、山葉亀五郎、山葉美之助、箕輪焉三郎がやってくる。六月二七日には、ヤマハ社長、川上嘉市が訪れている。

いかに、Nヤマハが注目されていたかがうかがえる。

七月九日、再び三木楽器の藤岡支配人が来社。八月二九日には直吉と幡岩が大阪に行き、三木楽器の藤岡支配人と夜一一時まで話し合い、藤岡支配人が浜松に来ることになった。しかし、三木楽器との提携の話は頓挫する。幡岩の備忘録の九月一日の欄には「藤岡支配人より絶縁状が届く。これにて三木楽器との件は、すべて打ち切りとなる（河合小市氏と三木楽器との関係が好転した模様である）」と書かれている。

ヤマハへの復帰

その後、一一月一日、山葉直吉は技術顧問、大橋幡岩は嘱託技師として、ヤマハに復帰する。Nヤマハ第六号の完成直後のことであった。

直吉と幡岩は、三木楽器と交渉したものの、条件面で折り合いがつかなかったため、ヤマハへの復帰を決めたのだと思われる。代わりに、三木楽器と手を結んだのは河合小市だった。

ヤマハ側は、エールシュレーゲルの在日期間が一九二九年一二月までで、しかも、彼が体調を崩していたことから、その後の技術指導の体制を何とか整えなければならなかった。実際、幡岩は四月一三日にヤマハを訪れた際に、工場で完成した山葉ピアノを試弾して、自作のピアノの方がはるかに優れているのを確認している。[*21] また、エールシュレーゲル自身がNヤマハを高く評価していた。

Nヤマハ　R型　製造番号11　商標の部分　1929年製、ピアノプラザ群馬蔵

幡岩は山葉ピアノ研究所所長のまま、ヤマハの嘱託採用となったのち、一九三一（昭和六）年一〇月、ヤマハの専任技師に正式に復帰する。その後もNヤマハはヤマハ社内で製造されたが、六台のみであった。ちなみに、ヤマハが製品に「ＹＡＭＡＨＡ」以外の表示を認めたのは、このNヤマハ以外には存在しない。[*22]

Nヤマハは当代きってのピアノ技師だった直吉と幡岩が、最高の品質を備えた楽器をめざして製作したもので、ドイツの名門企業レンナー社のアクションなどの輸入部品も活用しながら、一台一台さまざまな工夫をこらして作っていったものであった。販売先でも大切にされた楽器で、現在も三台のNヤマハの現存が確認されている。

こうした楽器作りの姿勢は、三木楽器が求めるものとは違っていた。三木楽器はカワイ製のオリジナルブランド、三木ピアノの製作、販売を決定すると、一九二九（昭和四）年にそのピアノを六七台販売する。オルガンは翌一九三〇（昭和五）年三月からの取り扱いで、その年度に四二七台の販売を記録した。[*23]

一九三〇年には、三木はカワイ製品の関西総代理店になり、カワイとの関係をより強固なものにした。一九二九（昭和四）年には、三木におけるピアノ総売り上げ台数二三二台のうち、全体の約五六パーセント（一三〇台）が輸入品であったが、完成品の輸入ピアノに対する関税引き上げの影響もあり、輸入品は減少していく。そして、一九三二（昭和七）年以降、売り上げのほとんどが三木ピアノで占められるようになった。

三木ピアノの宣伝の中では、河合小市の名はクローズアップされているが、カワイの社長としての扱いではなく、三木楽器の「専任技師」の扱いになっている。顧客に配布していた工場のイラストは「三木ピアノ浜松工場」となっており、工場の屋根や塀にも、その文字が見えるが、実際は戦前のカワイの浜松工場であった。

山葉直吉や大橋幡岩は、三木楽器と組んだならばこうした扱いをされるということを気付いていたので、交渉は決裂したのではないだろうか。戦後、カワイは二代目社長河合 滋の時代に三木楽器と訣別することになる。

直吉と幡岩はヤマハに復帰後、Nヤマハを引き続き生産すると共に、B型を作り上げた。さらに幡岩は、湿度の高い日本に適したピアノを作りたい、とピアノの試作や生産に力を注いだ。彼は一〇台ものコンサート・グランド、小型、中型のグランドピアノ、中型、大型のアップライト、二段鍵盤式の小型アップライト、ミニピアノに至るまで、試作を重ね、そのうち製品化されたのは一四種類に上ったという。それだけでなく、アクションやフレーム、打弦装置、ブリッジピンの規格変更など、さまざまな部品の改良や企画化、あるいはハンマーフェルト切断機など、部品生産や組立機械までも考案して作り上げた。[*24]

しかし、一九三六（昭和一一）年一月二〇日、ヤマハは「今後ピアノ設計は優良モデルにより、模倣為すことに決せる」という方針を打ちだす。こうして、それ以降、外国製ピアノをモデルとして設計し、大量生産することが決定した。Nヤマハはすでに一九三二（昭和七）年九月の第三四号で打ち切りになっていた。自分の望むようなピアノ作りがもはやできないことを悟った大橋幡岩は二度目の退職を決意する。彼は新しい路線に沿ったミニピアノを設計・製作して、量産化できる体制まで整えたあと、一九三七（昭和一二）年七月、辞職して、東京蒲田の小野ピアノに移るのである。

五　国産品愛用のかけ声

「音楽上の国産問題」

一九三〇（昭和五）年八月号の『音楽世界』は「音楽上の国産問題」がテーマとなった。前年の金解禁によって日本の円の価値が高騰したため、外国製品の輸入が容易になり、輸入税を加えても、国産品を脅かすに至り、国産品を愛用すべしという意見が各方面で起こってきたためであった。

この号では、音楽に関する国産品が外国製品と対抗できるかが論じられ、さらに「国産楽器工場・誌上見学」という特集が組まれている。

この中で、「楽器の国産状態について」という記事を執筆しているのは山野政太郎（一八七八〜一九六九）、銀座の山野楽器の創業者である。山野は「金解禁の影響により、複雑な経済事情が起こり……国産品を愛用すべしとの意見が、政府当局はもちろん、新聞その他の世論にも勃然として〔勢いよく〕起こってきた。わが楽器界においてもまた、その意見が追々喧《かまびす》しく〔やかましく〕なってきた」と書き始める。そして、ピアノとオルガンについては以下のように述べている。*25

〔楽器のうち〕ピアノ、オルガンは全需要の七割を内地製品が充たしている。浜松、神奈川二工場を有する日本楽器の製品がその主なるものである。この他、浜松には河合ピアノ、オルガン製造所が数年前創業して相当に活躍している。また東京及びその付近には松本ピアノ製造所、蒲田ピアノ製造所、東京楽器研究所、その他一二の工場があり、みなそれぞれ盛況を呈している。

舶来ピアノはスタインウェイ、ブリユットナー（ママ）等の高級品をはじめ、約二三十種の輸入品あり、その品質においても、内地品の及び難い優秀品もあるが、何分関税が五割であるためにこれが障害となり、近来は追々部分品を輸入して内地で加工組立する傾向が現れて来ている。

ことに、国産奨励論の喧しい折から、学校や官庁方面に用いる楽器は特に内地品を使うべしとの意見がかなり強硬なので、したがって、外国品といえども内地で組立て製造する計画を促進する事情がいちじるしく切迫してきたようである。

以上が、山野政太郎の見た、ピアノ、オルガンに関する一九三〇年の段階での国産ピアノ、オルガンの状況である。この時期、欧米は大恐慌の時代に入るが、日本のピアノ製造は盛んであったことが分かる。

また、注目すべきは、国産品奨励のため、学校や官庁に用いる楽器は内地品を使うべし、という意見が強かったことである。当時、ピアノの需要は高まっていたが、戦後のように一般家庭に普及するところまでには至っていなかった。そうした状況で、学校や官庁に用いる楽器に内地品が推奨されたのは大きなことだった。外国製部品を輸入して内地で加工、組み立て、内地品とする傾向は、関税面だけでなく、こうした国産品奨励の結果、生じたことが分かる。

こうした状況はヤマハにとって、まさに好都合であった。昭和初期にヤマハが再生できたのは、川上嘉市の手腕によるところがあるのはもちろんだが、その裏にピアノ関税の引き上げと国産品奨励運動があったことは注目すべきであろう。

「ピアノができあがるまで」

さて、この『音楽世界』の特集「国産楽器工場・誌上見学」で「ピアノができあがるまで」に登場するのは、ヤマハの浜松工場である。この記事では、日本におけるピアノの簡単な歴史に続いて、ピアノの製造工程がたくさんの写真と共に、説明されている。記事は、以下のように始まる。*26

ピアノは各国とも、その楽器産業界の雄であるが、本邦では少し以前まではピアノらしいピアノはどうしても舶来品にその位置を譲らなければならなかった。ただし音楽の一般化、産業の発達は国産ピアノの進出を急速ならしめ、今日においては、山葉ピアノ、西川ピアノ、河合ピアノ等は外国品にも劣らないものができ、そして価格も比較的安くできるようになってきた。

……（ピアノは）欧州大戦後は激増してきた。ただし、外国と比べれば今日でも微々たるもので、アメリカと比較したら問題外のありさまである。米国では一千世帯について三百八十五台であるが、本邦ではピアノの総数が約三万台で、国勢調査による全世帯数千二百万世帯にしてみると、一千世帯で約二台半というわけで、米国に比し、百五十四分の一というありさまである。

以下、実際のピアノ作りの説明に入るが、この前文で注目されるのは、当時の日本のピアノ総数を約三万台と見積もっていること、そして、アメリカの普及率との比較である。この普及率については、戦後も、折に触れ引き合いに出されることになる。

六　川上嘉市の先見性

合理主義

川上嘉市がヤマハの社長に就任した時、資本金三四八万円に対して二七〇万円もの負債があった。この窮地を脱するために、川上は、住友に五二万円の増資を引き出し、大口債務の返還猶予を得て、採算のとれない不良な分工場（釧路ベニヤ工場や品川の家具工場）を売却し、一八〇万円の社債の発行を行い、見事にヤマハを蘇生させた。

人事面では、一部の旧役員を退陣させ、定年制を敷いた。そして、地縁や血縁で成り立っていた人事を改革し、綱紀粛正にも努めた。

一連の大改革を断行したことで、社長就任からわずか一年半で一一万五〇〇〇円の銀行借り入れをすべて返済した。驚くことに、それまで重役たちは個人で借入金を保証していたのであるが、その負荷が取り除かれた。

ヤマハは創業者山葉寅楠の時代から多方面の事業に進出し、その流れは二代目の天野千代丸にも受け継がれていたが、三代目の川上嘉市もその精神を受け継ぎ、総合楽器メーカーとして、また、プロペラを製造するメーカーとして、多角的に事業を展開した。パイプオルガンの製作にも乗り出し、一九三二（昭和七）年に本郷の聖テモテ教会、一九三四（昭和九）年には東京音楽学校に納入。さらに、一九三六（昭和一一）年には東京の日本管楽器株式会社を吸収合併している。

音響実験室

川上嘉市の業績として特に注目されるのが、一九三〇（昭和五）年、工場内に音響実験室を設け、オシログラフを設置して、音の科学的な分析に乗り出したことである。これは航空研究所の小幡重一博士がオシログラフを利用してプロペラの音の研究をしていると聞き、これをピアノの音に援用しようと考えたものである。音響実験室にはこのほかに、川上嘉市みずからが考案した耐久試験装置と打弦試験機を備えて、「ピアノの調子保持に対する安全率と耐久性」を科学的に測定した。

海外でピアノやオルガンのメーカーが研究所とタイアップして研究する例はあったが、一企業が工場内に音響実験室を設けるのは世界でも類を見なかった。

ヤマハはさらに、新しいフィールドに踏み出した。音響実験室内に「電気楽器研究室」を設けたのである。[*27]ヤマハは世界の最先端技術を使った電気（電子）楽器に挑戦しようとしていた。

オンド・マルトノの専売権取得

「オンド・マルトノ」は、一九二八（昭和三）年にフランスで発表された楽器で、初期の電子楽器の中で最も成功した楽器の一つである。発音は単音だが、音高を連続的にも自在に制御でき、表現力は大きい。パリ音楽院にはオンド・マルトノ科があり、オリヴィエ・メシアンを始め、この楽器を活用しているフランス人の作曲家は多い。

一九三一年（昭和六年）、発明者モーリス・マルトノ（一八九八〜一九八〇）は、演奏者である妹ジネットと共に、楽器を宣伝するための世界旅行を行ったが、その際、ヤマハはいち早く、モーリス・マルトノから「オンド・マルトノ」の製作権と東洋における独占販売権を譲り受けた。一九三一（昭和六年）二月二七日のことである。『営業報告書』には特記すべき事項として、「世界的発明にして『明日の音楽』を支配すと称せらるる電波楽器『マルテノ（ママ）』の権利を譲り受けたことが記され、「これは当社が常に時勢の進運に対し先鞭を付くるに用意怠らざるを示すものなり」と結んでいる。

余談になるが、この二年後、川上嘉市は欧米視察の途中、パリで、スイスの国境近くに避暑に出かけていたモーリス・マルトノに電報を打ち、会いたいと知らせた。すると、マルトノは八時間も汽車に揺られてパリまで来て、川上嘉市夫妻をプルニエという高級レストランで接待してくれたという。[*28]川上が特許を買ったときに、名古屋でモーリス・マルトノと妹を招待したことがあったとはいえ、律儀である。

ヤマハはこうして「オンド・マルトノ」の権利を手に入れたが、その後、この楽器の生産を手がけることはなかった。その代わり、一九三五（昭和一〇）年、新しい電気（電子）オルガン「マグナオルガン」をリリースするのである。

「マグナオルガン」の開発

「マグナオルガン」は、一九三四（昭和九）年に特許が出願された楽器で、開発したのは、ヤマハの社員、山下精一という技術者であった。一九三五（昭和一〇）年六月八日付の報知新聞によれば、山下は当時二九歳。浜松一中の出身で、多年ドイツに留学し、「電気楽器テレミー（テルミン）等にヒントを得て」この楽器を作ったという。

特徴はリードオルガンの音をベースにし、パイプオルガンの音響を模倣することにあった。リードの音をマイクロフォンで拾い、周波数逓倍器を用いて加算合成して電気的に拡大し、スピーカーから音を出す、という仕組みで、ストップの操作により、多種多様の音を出すことができる、電子音響楽器であった。

一九三五（昭和一〇）年一〇月一八日、「マグナオルガン」の初披露演奏会が東京の日本青年館で行われ、同年一二月一〇日には、日比谷公会堂で開催されたサン＝サーンスの生誕一〇〇年を祝う「サンサーンス百年祭」で、交響曲第三番「オルガン付き」の日本初演に登場した。演奏の様子はラジオでライブ中継され、日本全国に放送された。

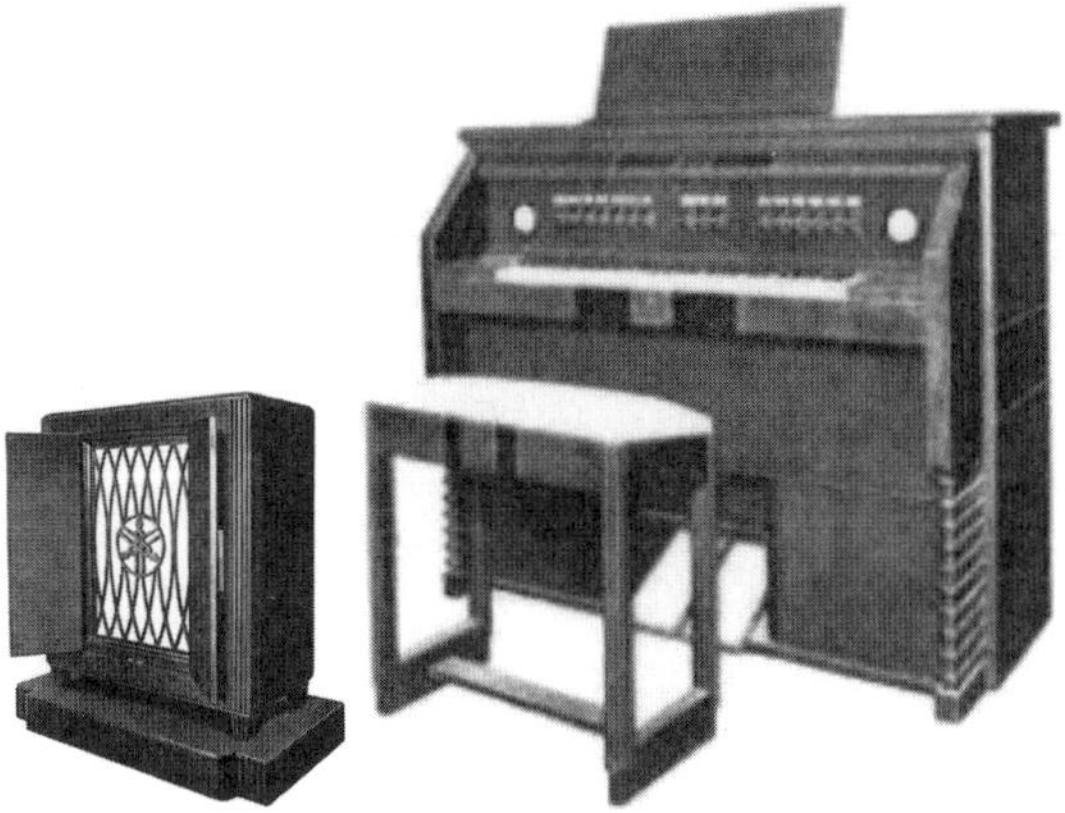

マグナオルガン

「マグナオルガン」は発売されたとはいえ、受注生産で、値段がいくらだったのかも、何台生産されたのかも分かっていない。現存している楽器もない。トラブルも多かったらしい。しかし、この楽器は、国際的水準においても当時の最先端に位置していた。そして、戦後、電子オルガンの代名詞ともなる、ヤマハの「エレクトーン」に間接的につながっていくのである。

それにしても、ヤマハはなぜ初の電子音響楽器を作る際に、ピアノではなく、オルガンを選んだのだろうか。実は、ドイツのベヒシュタインは「ネオ・ベヒシュタイン」という名の電子音響ピアノを一九三三年に発表していた。非常に高価な楽器であったが、川上嘉市はその年の欧米視察の際、一台研究用に買い求め、日本へ持ち帰った。しかし、ヤマハでは、「ネオ・ベヒシュタイン」を模倣して、電子音響ピアノを作る方向ではなく、パイプオルガンの代わりになるような電子音響オルガンを作る方向に進んだのである。

ネオ・ベヒシュタイン

「ネオ・ベヒシュタイン」

「ネオ・ベヒシュタイン」はドイツの名門ピアノメーカー、ベヒシュタイン社がシーメンス電気会社と共同開発した楽器で、値段は約一万円と非常に高価であった（東京朝日新聞、一九三五（昭和十年）二月二六日付記事）。タッチとハンマーアクションは通常のグランドピアノと同じだが、一音に張る弦の数を減らして、その分、響板の振動を電気的に増幅するピアノだった。普通のサステインペダルに加えて、第二のペダルが音量のコントロールに使用された。非常に先進的な試みであったが失敗に終わり、ほどなく生産中止となった。この「ネオ・ベヒシュタイン」の売れ行きが不調だったことがベヒシュタイン社の業績悪化に追い打ちをかけた。一九三三年、ベヒシュタイン社のピアノの生産高はわずか六〇〇台に落ち込んでいた。

七　大恐慌下の欧米のピアノ製造

欧米の状況

欧米のピアノ産業は、二〇世紀の初めにピークを迎えたが、その後、ピアノの代わりとなる娯楽が出現したこと、ピアノの持つ社会的なステータスが低下したこと、そして一九二九年にアメリカで始まった大恐慌によって、深刻なダメージを受けた。

なかでも落ち込みがひどかったのは、ドイツとアメリカだった。以下、アーリックに従って、当時の状況を見てみよう。[*29] 一九二九年の工業生産高全体の指数を一〇〇とした場合、一九三二年にはイギリスでは八四、フランスでは七二、ドイツとアメリカでは五三に落ち込んでいた。収入が下がり、失業率が高まっているときに、消費者はピアノのように高額な耐久消費財を購入することをためらい、購入する場合は、より安価なものになる。

ドイツでは、一九二七年から一九三三年までの間に、ピアノの製造業者は一二七から三七に、従業員は一万七〇〇〇人から三〇〇〇人弱に激減した。生産台数は一〇万台から六〇〇〇台に、輸出は四万台から三〇〇〇台に落ち込んだ。

アメリカの落ち込みもひどかった。同時期、年間の生産台数は二五万台から十分の一の二万五〇〇〇台に減少している。一九二〇年代と三〇年代を生き延びたメーカーは数十社に過ぎなかった。[*30]

イギリスでも、一九二五年に一万人いたピアノ製造の従業員が、一九三一年には四〇〇〇人に減っている。しかも、一九三一年の従業員の少なくとも二割は週に一二時間しか働いていなかった。一九二五年には一〇万台のピアノが製造されていたといわれ、そこから考えると、一九三一年、三二年にはピアノ製造台数は三万台程度にまで減少していたのではないかとアーリックは述べている。こうした状況で、各国で、ベビーグランドなど、ミニサイズのピアノが流行したが、音質は決してよくなかった。ドイツでも、フランスでも、アメリカでもミニサイズのピアノが発売された。

川上嘉市の欧米視察

一九三三（昭和八）年三月、川上嘉市は楽器産業及びプロペラ産業視察のため、欧米に出張した。ドイツ、オーストリア、イタリア、スイス、オランダ、ベルギー、イギリス、フランス、アメリカの順で精力的に視察を行い、一〇月一九日、横浜入港の浅間丸で帰国した。ここでは、川上嘉市が翌一九三四（昭和九）年の『音楽世界』（第六巻第一号）に寄稿した「欧米ピアノ業界概観」に沿って見ていこう。

川上嘉市は、上述したように、大恐慌の後、各国のピアノ産業が衰退しているさなかに、視察を行った。したがって、この論考の中に記載されているのは、活気を欠いた各国のピアノ産業の姿である。

出張の目的はウィーンで開催された国際商業会議に出席することと、主としてピアノ製造業の視察だが、オルガン、ハーモニカ、ベニヤ、プロペラ等、ヤマハに関係ある事業も調査した。以下、要点をまとめると、次のようになる。

ピアノ生産国として主なものは、ドイツ、フランス、イギリス、アメリカだが、どこも世界的不況で需要が激減し、はなはだしい不振状態だった。ドイツは特に大きな期待を持って出かけたにもかかわらず、一番ひどく非常に失望した。ベヒシュタインの工場さえ、莫大な負債で和議の進行中だった。スタインウェイ（ハンブルク）、ブリュートナーなどの一流工場も休業中で、その他の小工場はほとんど閉鎖しており、かろうじて操業を継続しているものでも、従前の十分の一ないし五分の一ぐらいの作業しかしていなかった。アクション工場も、レクソーは工場全部を売り払い、ランガーはその一部を人手に渡すなど惨憺たるものだった。

製造方法や設備等については、機械の利用などで部分的にかなり参考になることもあったが、各国の工場を通観して感じた点は、国々でみな製法が違い、同一国内の工場間においてさえ著しい相違があって、それぞれ伝統を墨守していて、研究や他の長所を採ることには遅れているように見えた。この点で、ヤマハは彼の地の一流会社に遜色ないという自信を強めただけでなく、これらの長所を巧みに取り入れていったならば、どの国よりも優良な仕事ができる確信を得た。

オーストリアではベーゼンドルファーとエールバールの二つの工場を見たが、昔のままで、しかも一方は休業中、一方はわずかに仕事をしている有様で、すべてが二、三十年遅れている感じがした。

イタリアには小さな工場はあるが、大工場はなく、上等のものはみなドイツから輸入している。

イギリスでは、チャレン、チャペルの二つが大工場だが、今は大部分粗製品を作っており、技術的に参考になる点はない。保守的で機械の利用にはほとんど無関心で、何の参考材料も得られなかった。質においても、独仏米の三国より劣っている。他国と同じく不況で、全盛期の五分の一の生産も難しいだろう。歴史的に有名だったブロードウッドは名だけとどめて今はチャペルの工場で作られている。

フランスでは、エラール、プレイエル、ガヴォーの三工場を見学したが、暑中休暇と称して、二三週間も作業を休んでおり、製造数は激減している。これらの会社はそれぞれホールを所有しており、それらの賃貸で稼いでいたが、不況で利用が少ない。

アメリカではスタインウェイ、エオリアン、キンボールなどを視察した。アメリカは労働賃金が非常に高いので、機械の利用が最も進んでいる。需要、生産とも、他の各国同様非常に減退して、スタインウェイでさえ、二年も休業して三月にようやく仕事を始めたような状態で、従業員も三百人ほどに過ぎない。シカゴのキンボールほどの大工場も従来の何分の一かの作業で、現在従業員は四百人程度である。アメリカでは九〇パーセントまでグランドピアノである。アメリカでのピアノの需要減は不況のためもあるが、自動車の普及によるところが大きい。自動車はほとんど必需品で値段もピアノより安い。スタインウェイはアップライトで八七五ドルもする。しかも、定価からまったく割引しない。アメリカの販売面の研究は世界一で、上記の三社はパリのプレイエルには及ばないが、それぞれ立派なホールをもっている。パイプオルガンが備え付けてあるホールもある。

以上が要旨である。不況のただなかにあった各国のピアノ産業の様子がよく分かる。川上嘉市はこの視察を通じて、自社の製造技術や設備に自信を深めた。

ちなみに、『欧米紀行』の中では、「米国人の雅量」と題して、スタインウェイの工場を見学したときに、自分がピアノ製造会社の社長であることをよく知りながら、朝の九時に出迎えの車を寄越して、お昼をはさんで、午後五時頃まで、「終日少しも隠すところなく、懇切に説明して、工場を見せてくれた」と感心している。日本人が同様の場合、これだけ開放するかどうかと危ぶむのである、と。プラット・リード会社でもエオリアンピアノのカヴァナー副社長を訪ねたときも快く工場を見せてくれたと書いている。[*31]

八　戦前ピアノの黄金時代

右肩上がりの日本のピアノ生産

川上嘉市が欧米視察で実感したように、世界恐慌の時代、欧米のピアノ産業は大きく衰退した。日本も影響を受け、昭和恐慌によって、輸出も個人消費を始めとする国内市場も大きく縮小した。楽器でいえば、ヴァイオリンの落ち込みが特にひどかった。その結果、鈴木ヴァイオリンは倒産することになるが、不思議なことに、ピアノの売り上げは落ち込まなかった。日本のピアノ生産は一九二七（昭和二）年頃から右肩あがりで伸び始め、一九三七（昭和一二）年七月の日中戦争勃発までそれが続いた。

一九三二（昭和七）年以降、カワイに続くピアノ工場が次々に創業し、浜松や東京に中小ピアノメーカーがたくさんできた。ヤマハやカワイから独立して、個人的にピアノ作りを始める者が多くなったのである。こうした小規模のピアノ工場では、アクションなどの量産部品をドイツから輸入し、ワイヤーやチューニングピンなども輸入品を使うところが多かった。関税率が高くなってくると、部品で輸入した方が関税が安いので、部品で輸入して国内で加工と組み立てを行うケースも増えてきた。先述したように、国産品奨励のかけ声が高まり、外国製の部品を日本で組み立てれば内地品と見なされる状況もあった。その中で、日本でもピアノの部品を生産する専門部品メーカーも現れてきた。

「躍動する国産品　旭日昇天の洋楽器」

一九三四（昭和九）年一二月六日から九日にかけて、報知新聞は「躍動する国産品　旭日昇天の洋楽器」という特集を組み、洋楽の普及に対応して洋楽器製造も旭日昇天の勢いで進展してきたと述べ、さまざまな楽器についての最近の生産高を挙げている。

まず、当時の洋楽普及について、「ラジオを通じて見た大衆の嗜好濃度は昭和七、八両年度には浪花節、落語を別にすると、歌劇、吹奏楽、管弦楽、合唱、ジャズの順序だそうである」と述べ、「長唄、常磐津、清元などの純日本音楽をはるかに凌駕していることが判然と現れ洋楽大衆化を如実に物語っている」と書いている。

次いで洋楽器の生産状況に入るのだが、洋楽器全体で輸入額が一番多かったのが、一九二四（大正一三）年の二一一万七〇〇〇円で、そこから、一九二八（昭和三）年九二万九〇〇〇円、一九三一（昭和六）年三七万五〇〇〇円、一九三三（昭和八）年一八万五〇〇〇円と急減している。

洋楽器の輸入は金輸出禁止を契機に急ピッチの縮小振りを見せているが、それに対して、国産楽器はすばらしい成長を遂げている。なかでもヤマハは「楽器類の外にベニヤ板、家具類、プロペラーを製作し、木工機械工場を主とした科学的近代経営組織の上に立っている点で断然頭角を抜いている」と述べ、「年産四千台突破　ピアノの大行進」と威勢が良い。

記事では、輸入ピアノは一九二九（昭和四）年に八〇〇台ほどだったものが一九三三（昭和八）年には、わずか二六台に減っている。その原因として、為替安による輸入採算難とヤマハが前年から開始したピアノの月賦販売制の改善もあるが、根本的には「ヤマハの科学的工場管理による多量《（ママ）》生産と品質向上にあろう」と結論づけている。

この「科学的工場管理による大量生産と品質向上」こそ、ヤマハが戦後、世界的に飛躍するときのキーワードであったことは注目すべきである。戦前、ヤマハはすでにこうした理念に基づいた楽器製作をめざしていた。戦後、焼け跡でゼロから再出発した際、もう一度、ピアノ作りの中心となったのは、この理念だったのである。

なお、報知新聞の記事の中で「山葉ピアノ」と比較されている「輸入ピアノ」はあくまでもヤマハが輸入したピアノのことである。大正期、ヤマハも輸入ピアノの扱いを始め、ベヒシュタインを始めとする外国のメーカーのピアノを取り扱っていたことはすでに述べた通りである。その扱いが急激に減ったということである。

ここで、参考として左の表を見ていただきたい。これは、報知新聞が書かれた三年後、一九三七（昭和一二）年一二月に印刷された山葉ピアノの「型録（カタログ）」に掲載されている「山葉ピアノ売行増進と輸入ピアノ激減比較表」である。その後もピアノの売り上げが順調に増えていたことがわかる。ただし、輸入ピアノは、先述したようにあくまでもヤマハ内での話なのだが、何の注釈もない。そして、「朝日の昇るような山葉ピアノの売れ行き増進と落日のような輸入ピアノの末路」という見出しは衝撃的である。

「国産ピアノの創業とその発達を語る」

一九三六（昭和一一）年はヤマハの創業五〇年に当たるということで、『音楽世界』誌は関係者を集めた座談会を催した。その記録は「国産ピアノの創業とその発達を語る」という題で、この雑誌の一九三六年一一月号に三一頁にわたって掲載されている。

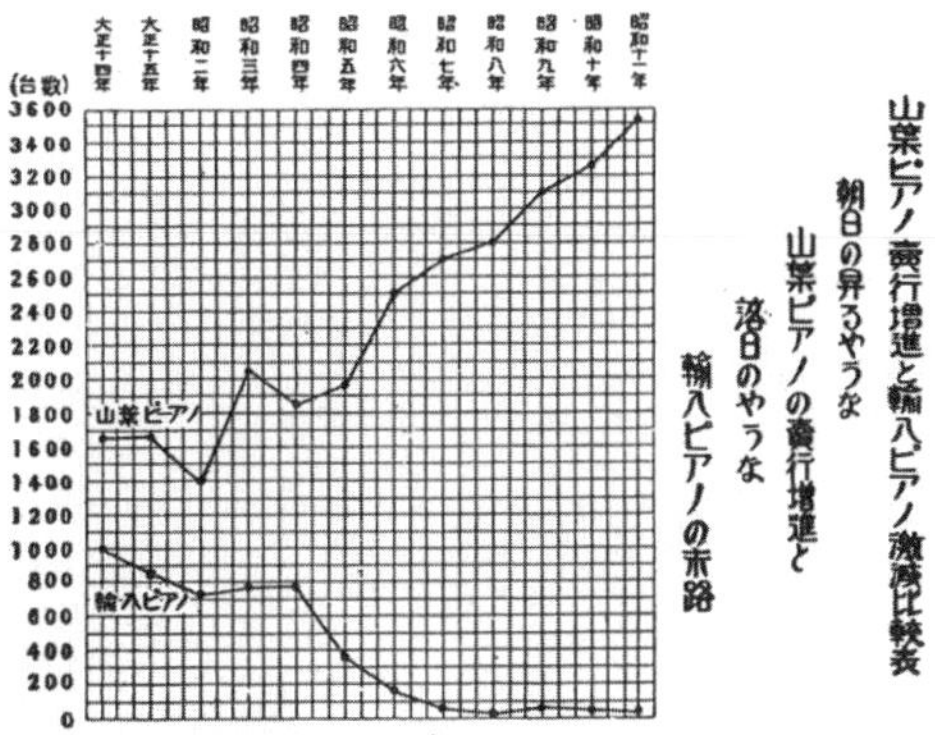

「山葉ピアノ売行増進と輸入ピアノ激減比較表」
『山葉ピアノ』1937年12月
浜松市立中央図書館蔵

出席者は来賓側として、山葉直吉、鈴木政吉、鈴木米次郎、永井幸次、吉田信太、ヤマハ側として、川上嘉市、吉田季三、刀原四郎、荻原貞司、多米 忠、宮本錫五郎、そして司会が村松静光であった。

この座談会ではいろいろな思い出話が飛び出して、一級の資料となっているが、楽器製造の関係者だけでなく、音楽教育関係者もゲストとして呼んだところが面白い。

来賓の中で、鈴木米次郎（一八六八～一九四〇）は東洋音楽学校（現東京音楽大学）の創始者である。彼は第二章で見たように、山葉寅楠がオルガンの試作品をかかえて上京し、東京音楽学校に持ち込んだ時にちょうどそこに居合わせ、共益商社の白井練一社長に紹介した。永井幸次（一八七四～一九六五）は、東京音楽学校卒業後、各地の師範学校や高等女学校で教諭を務め、一九一五（大正四）年、大阪音楽学校（現大阪音楽大学）を開き、校長となった。また、吉田信太（一八七〇～一九五四）も東京音楽学校卒業後、各地の師範学校や中学校などで教えた。唱歌《みなと》の作曲でも知られる。

この座談会で山葉寅楠と一緒に楽器を作った山葉直吉や、山葉寅楠と親しかったヴァイオリン製造の鈴木政吉が語った思い出話については、すでに言及した。座談会の後半、話が現在のピアノになると、川上嘉市からは、いかに科学的で効率的な量産方式でピアノ作りを行っているかが語られ、さらに、話は「舶来と国産品について」へと進み、以下のやりとりがなされた。[*32]

永井　支店長に言うのですが、N山葉のあのピアノはここの店にいつでも備えておいてもらいたい。舶来々々という人に見せたら文句はないだろうと思うのです。
川上　あんなのばかり拵《こしら》えていると破産してしまいますよ。

Nヤマハは、前述したように、山葉直吉の名を取って、彼のピアノ研究所で作られた名器として知られるが、山葉直吉と大橋幡岩がヤマハに復帰したのち、一九三二（昭和七）年九月に作られた第三四号をもって、製造を打ち切られていた。

当の山葉直吉を前にして、永井はあえて川上社長にこの話をぶつけている。永井は直吉や幡岩が追求した手作りの要素を多く含む高品質のNヤマハを高く評価し、舶来品にも勝ると考えていたのである。それに対する川上の取り付く島のない返答を聞いて、座談会の席には緊張が走ったのではないかと思われる。

躍進国産ピアノ展

一九三六（昭和一一）年一一月九日から一週間にわたって、銀座の伊東屋の七階で「躍進国産ピアノ展覧会」が開かれた。主催したのは全国ピアノ技術者協会であった。ヤマハやカワイだけでなく、中小の国内ピアノメーカーや楽器店など、合わせて一九社が参加し、アップライト一七台、グランド一〇台が展示された。また、歴史的なピアノや内部構造を知ることができる実物のカット模型など三八点、その他、写真なども一堂に集めて展示され、二万人の観客を集めた。

一九三七（昭和一二）年には、日本のピアノ生産台数は七五一五台を記録し、過去最高となった。しかし、同年七月、日中戦争が始まり、それから一九四五（昭和二〇）年八月の敗戦に至る八年間は、日本のピアノ産業にとって、受難の時期となった。

第六章　戦時下の楽器産業

一　日中戦争始まる

日中戦争と経済統制

一九三七（昭和一二）年一月、輸入のための為替取引に許可制が導入された。それまでは、海外の演奏家が次々と来日し、東京、大阪などは世界の音楽市場においても、クラシック音楽の拠点都市として知られるようになっていた。ピアニストに限れば、一九三五（昭和一〇）年一〇月、アルトゥール・ルビンシュタイン、一九三六（昭和一一）年三月、リリー・クラウス（ヴァイオリニストのシモン・ゴールドベルクと共に）、さらに、同年四月、ヴィルヘルム・ケンプなど、一流の演奏家が訪日していた。しかし、為替取引が許可制となったため、一九三七（昭和一二）年以降、外国の音楽家が自由意志で日本を訪れることは不可能になった。訪れた最後の大物が一九三七年五月に来日したピアストロ三重奏団と指揮者のフェリックス・ワインガルトナーであった。

一九三七（昭和一二）年七月に日中戦争が勃発したことは、本格的な経済統制の始まりとなった。この年の九月には「輸出入品等臨時措置法」が公布され、貿易統制が始まった。これは輸入品に対して、政府の全面的な統帥権限を認めたもので、政府は実質上ほとんどすべての物資を統制することが可能になった。

その後、輸入統制に続いて物資統制が強まり、使用禁止または配給統制などが強化された。さらに、翌一九三八（昭和一三）年四月に公布された国家総動員法は、人的・物的資源の統制権限を全面的に政府に委任する法律だった。一九三九（昭和一四）年七月には軍需産業に労働力を集中させるため、政府は国民徴用令を公布する。その頃、ヤマハは天竜工場を完成させ、製材と合板の両部門をここへ移し、楽器製作もここでささやかに続けていた。

一方、欧州では独ソ不可侵条約が成立し、同年九月一日、ドイツ軍のポーランド侵攻に対して、イギリス、フランスがただちに宣戦を布告し、第二次世界大戦が始まった。

一九三八年一二月号の『音楽世界』に掲載された、村松道彌《みちや》による「物資統制と楽器製作の現状」という記事からは、当時、すでに楽器や蓄音機、音楽関連の品が軒並み作れなくなっていたことが分かる。ピアノについては、ワイヤー、チューニングピン、センターピン、鍵盤の鉛、アクション皮革等が使用禁止で、一九三八年八月一五日から製造ができなくなっていた。唯一、仕掛け品（製造途中にある製品）の製造のみ一部製造が許可された。したがって、ピアノはそれまでのストック品と仕掛け品の製造でようやく一般の需要に応じていた。ヤマハのような大きな会社は一方で飛行機の部品、プロペラの製造等、軍需工業と並行しているのであまり困らないが、ほかのピアノ工場は非常な苦境に陥り、たとえば軍需品の下請けやグライダー等の製造によって何とか工場の維持に努めているという状態であったという。

この記事で村松は、楽器製造に使用する禁制品のパーセンテージは非常にわずかであるのに、その程度の犠牲を払うのを避けるために禁制品を使用する物資を統制することと、楽器演奏による音楽の国民精神に与える影響等を比較すれば、どちらが国家的見地から重大であるかと問う。そして、「この二、三十年間における楽器製造の一大飛躍が、その本場である欧州を凌駕し、海外に進出したのにもかかわらず……国内の配給はもとより、海外への輸出に応じられないのは、国家的にも遺憾な至りである」と結んだが、状況は悪化の一途をたどった。

ヤマハは、西川楽器を一九二一（大正一〇）年に吸収合併したのち、横浜工場としてそこで主にオルガンを作ってきたが、その工場を閉鎖する。

一九三九（昭和一四）年二月、軍需品の原材料として必要な鉄製品を広く巷《ちまた》から回収する全国的な運動が始まると、鋳鉄フレームやミュージックワイヤーなど金属を使うピアノの生産はさらに困難の度を増した。

楽器業界連合会

楽器の輸入制限、物資の統制、楽器資材の配給等、政府からの厳しい締め付けに対して、楽器業界は全国的な組織を作り、対策と陳情等を行う必要に迫られた。

商工省からは、楽器の公定価格を作るように、言い渡された。政府は、ほかの業界に対しても、すべて公定価格を定めるように命じていたので、楽器にも遅かれ早かれその命令が来ることは予想されていた。これを機に、業界が公定価格の制定に際して当局に自主的に協力する方がよいという見解で、一九四〇（昭和一五）年一〇月に全国楽器業界連合会が設立され、ヤマハの社長川上嘉市が会長となった。

その直後、状況はさらに悪化し、同年一〇月七日以降、真鍮の譜面台が完全に販売禁止になり、そのほかの楽器についても、鋼を使ったものは、すべて許可を受けてからでなければ販売できなくなった。たとえば、ピアノ、オルガン（ヤマハは六号以上）、アコーディオン（ヤマハ二〇〇号以上）、ハーモニカ、ヴァイオリン系楽器（鋼線を張ったもの）、マンドリン、ギター系楽器（糸巻に鋼鉄を使用したもの、鋼線を張ったもの）、クラリネット、フルート、サキソフォン、卓上ピアノ（鋼を使用したもの）、大正琴、ハーモニホン、プロペラバンドハーモニカ、譜面台（鋼鉄製）、洋太鼓、タンボリン《（ママ）》、楽器弦（鋼製のもの）、楽器弓（ネジに鋼を使ったもの）などである。

一九四〇（昭和一五）年一一月には楽器の公定価格が決められた。楽器業界連合会から一括申請した価格は、ピアノ・オルガンのみ申請通り、その他は製造原価が一〇パーセント、販売価格が一〇パーセントから三〇パーセントの値下げを命じられた。

楽器業界は物品税引き下げ運動を行ったが奏功せず、日米開戦の一九四一（昭和一六）年には、ますます高率の五〇パーセント課税とされた。さらに翌一九四二年（昭和一七年）には、資材の不足から、楽器製造、販売の禁止、重点配給、学校団体へのみ許可等、困難な課題が相次いだ。物品税も、一九四三年（昭和一八年）に八〇パーセント、翌一九四四年（昭和一九年）には一二〇パーセントという高率に引き上げられた。

一九四〇（昭和一五年）にヤマハの東京支店長に就任していた大村兼次は、関係官庁や軍部の関係者のもとに足しげく通って、楽器生産の必要性を説いた。その結果、内閣情報局に楽器販売協議会が設置されることになり、関係各省庁から楽器製造に伴って必要となる原材料の配給について便宜を図ってもらえるようになった。

一九五五（昭和三〇）年発行の『日本楽器製造株式会社の沿革』には、この時期について、以下のように書かれている。[*1]

ピアノ、オルガン等はわずかに教育用としての製造を許され、また戦争段階の進むにつれて国内楽器製造はまったく杜絶寸前にありましたが、楽器製造技術を保存する目的のため特に当社は選ばれて楽器の製造を続け、終戦の前年すなわち昭和一九年まで細々ながら楽器類の製造を続けてきました。

一九四四（昭和一九）年、ヤマハにおけるピアノ生産は二三一台にまで減り、翌年はついに全面中止となった。一方、カワイでも、わずかに残った手持ちの材料を使って、同年までは、ピアノ生産が続けられていた。

「一九四五年（昭和二〇年）九月一杯で楽器製造はすべて禁止する」という通達が、内閣情報局から楽器配給協議会に出されたが、それが実行される以前に、日本は八月一五日の敗戦を迎えた。

二　軍需産業への転換

ヤマハとプロペラ

ヤマハは、一九二一（大正一〇）年から飛行機用の木製プロペラを製造していた。合板の技術が評価されてのことだったが、一九三一年（昭和六）年には、金属製プロペラの製造に乗り出した。川上嘉市が一九三三年、欧米視察を行ったとき、その主眼はピアノとプロペラの状況の調査であった。

日中戦争が始まると、一九三八（昭和一三）年八月三日、ヤマハはプロペラ生産設備増強のため、資本金を四〇〇万円から八七五万円に増資した。そして、この頃完成した天竜工場に、本社工場から個々に製材と合板の両部門を移した。ここでささやかに楽器生産も行ったが、その一方で、プロペラ関係の工場は陸軍の管理工場となった。

一九四一（昭和一六）年から翌年にかけて、プロペラ試作研究機関として東京研究所と東京製作所を建設。資本金は一七五〇万円に増資された。本社工場の全員が現地徴用されて、ヤマハの主力は完全に航空機用プロペラ（金属製プロペラ、被包式〔木材と金属の組合わせ〕プロペラ、木製プロペラ）、落下燃料補助タンク、航空機の翼の部品その他の軍需品に移行した。燃料補助タンクは特攻隊機用だったという。*2

そして、一九四一（昭和一六）年の一二月八日、ついに日本は太平洋戦争に突入する。

翌一九四二（昭和一七）年、東京製作所は陸軍の管理工場に、一〇月には本社工場が海軍の監査工場に、天竜工場が陸海軍共同管理工場に、それぞれ指定され、プロペラの増産に拍車がかけられた。その年六月のミッドウェー海戦での惨敗以来、航空機の消耗は激しく、プロペラと補助タンクの大増産が命じられた。

一九四四（昭和一九）年には軍需会社法により、本社工場、天竜工場、東京製作所がいずれも軍需工場に指定された。

カワイの軍需産業化

カワイも軍需産業へと移行せざるを得ず、航空部品、グライダーなどを作ることになった。しかし、河合小市は外から見えない一室で、戦火が広がる一九四〇（昭和一五）年頃まではピアノの研究を続けていた。

開戦後は、カワイの木工関係の作業は、ヤマハと同じく木製落下タンク、鉄工関係は航空機の鈑金部分の製作に携わり、翼や胴体の組み立て作業も開始された。

生産設備の拡張も要請され、敷地合計一四万平方メートル、一〇〇〇人余りの従業員を抱える大所帯となった。

空襲と艦砲射撃

一九四四（昭和一九）年六月から七月にかけての戦闘で日本軍がサイパン島を失ってから、アメリカ軍による本土空襲はしだいに激化した。ヤマハでは工場の疎開が始まり、工作機械なども、次々に地方の工場に移した。この年の五月、佐久良工場（静岡県天竜市船明《ふなぎら》）に本社のプロペラ部分を移転。一部は既成のトンネルを利用したが、大部分は谷間の杉木立をそのまま用いた、まったくのバラック工場だった。

一九四四（昭和一九）年一二月七日、東海地方を大地震が襲った。昭和東南海地震である。この地震は東海地方を中心に大きな損害が出たが、戦時下のため、詳細は一切明らかにされなかった。ヤマハでは本社一部と天竜工場の大半が倒壊し、三名の死者、一三名の重軽傷者を出した。

翌一九四五（昭和二〇）年に入ると、アメリカ軍による東海地方の工業地帯に対する爆撃も始まる。社内では「撃墜された日本の飛行機の燃料タンクやプロペラに「ハママツ、ヤマハ」と書いてあるのを見つけたから、敵は浜松に仕返しに来るんだ」という、まことしやかなうわさがささやかれた。五月一九日に

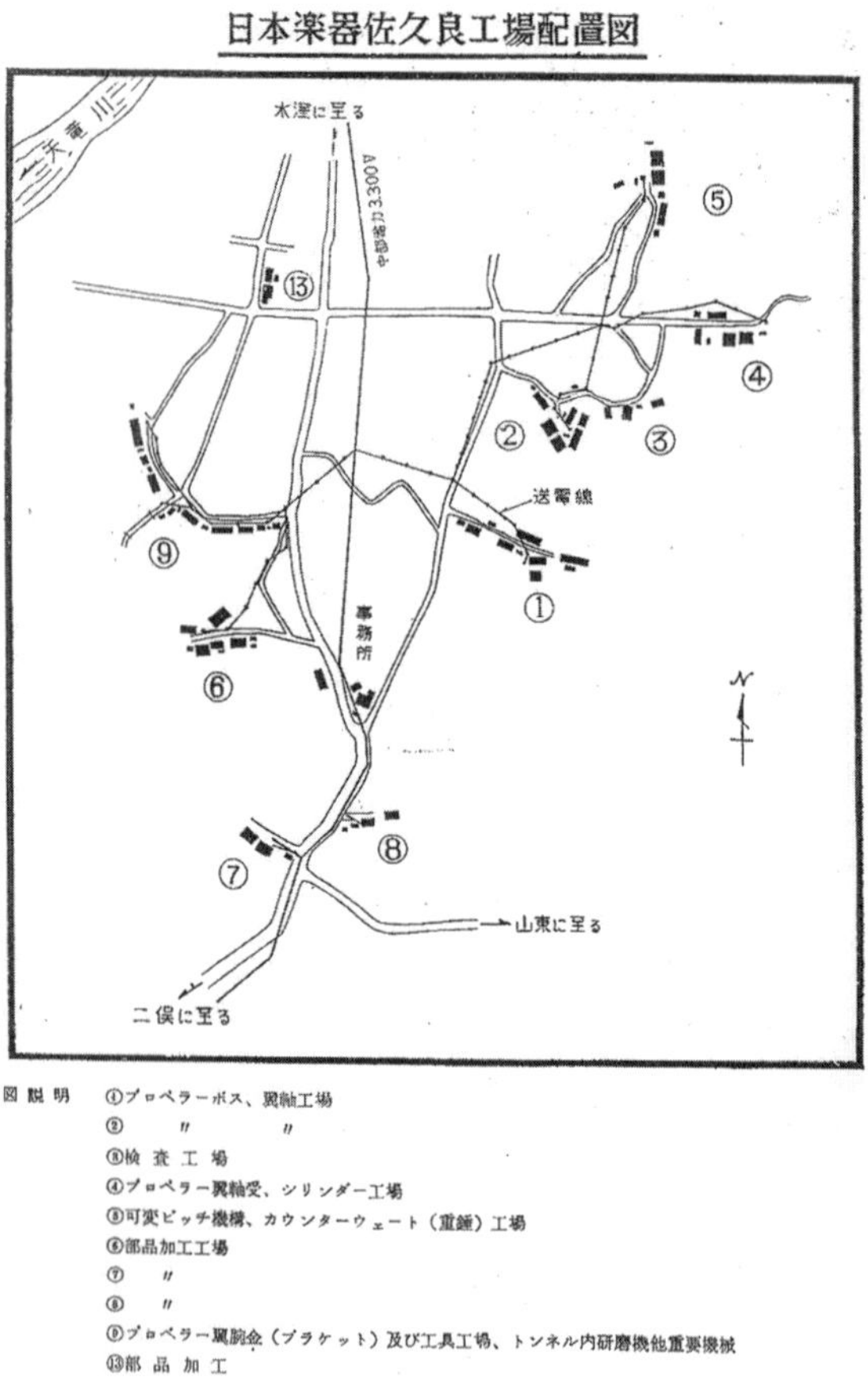

ヤマハの佐久良工場の建物配置図　（バラック小屋が点在していた）
『日楽社報』1962年9月号

は地震から復旧したばかりの天竜工場が全焼、本社工場の八幡工場も大半が焼失、六月一〇日には本社工場に七個の二五〇キロ爆弾が投下され、本社事務所、旧楽器工場、鉄工工場、木製工場などが全焼した。さらに、六月一八日には浜松市が大規模な焼夷弾攻撃を受け、市の中心部がほとんど灰になった。七月二九日には艦砲射撃によって、工場の被害はさらにふくらんだ。

この間、佐久良工場に移動させた機械は約八〇〇台に上り、八月一三日には本社事務所も浜松から佐久良工場へ移した。その二日後、日本は無条件降伏した。ヤマハは三度にわたる爆撃で甚大な被害を受け、死者二七人を含む死傷者は六七人に上った。しかし、本社工場では一六七台の工作機械、木工機械が戦後も使用可能だったこと、天竜工場でも、製材と合板の工場だけが大被害を被らなかったこと、佐久良工場に運び込まれていたプロペラ生産用の機械類が無事であったことが、戦後の復興につながった。[*3]

一方、カワイの被害はヤマハよりもさらに大きかった。河合小市は、空襲が始まっても、一部焼けた工場の機械しか疎開させようとしなかった。そのため、一九四五（昭和二〇）年四月三〇日にB29戦略爆撃機七〇機が襲った浜松大空襲で、カワイの全工場が破壊され、従業員、学徒三〇〇名以上の死傷者が出る大惨事となった。そのうち、死者は一五八名に及んだ。いま、カワイの本社敷地内の一角には、戦没者の慰霊碑が建っている。

このため、本社機能を高砂小学校正門前にある寺院の本堂に移し、木工関係は大井川上流の家山に、鉄工関係は浜名湖の北岸三ヶ日町に疎開工場を建設する準備を進めたが、その途中で、終戦を迎えた。

米国戦略爆撃調査団文書――ヤマハに関する報告書

アメリカ軍による大規模空襲のさなか、浜松のヤマハの社内では、撃墜された飛行機の燃料タンクに記された「ハママツ・ヤマハ」という商標を見て、アメリカ軍が浜松に仕返しにきているのでは、といううわさが流れたという話を書いたが、実は、アメリカ側は一九四三（昭和一八）年一二月の時点で、軍需産業を担うヤマハに関する報告書をすでにまとめていた。

その報告書は、現在、公開されている『米国戦略爆撃調査団文書』の中に収められており、そこでは、ほかの航空機関連の会社と並んで、ヤマハ（日本楽器製造株式会社）が単独で取り上げられている。

その序文は、「日本楽器製造株式会社は日本で最も古いプロペラ製造会社で、航空機分野でプロペラだけを製造する許可を与えられている。一九三七年以前は主に楽器を生産していたが、一九四一年にはプロペラに傾注していた」と始まり、ヤマハが住友と直接つながっている状況が次に続く。そして、ヤマハが一九三七年から一九四一年までに、プロペラを製造するための機械をアメリカからいつ、どこの商社を通して購入したなどの記録がずらりと並んでいる。

アメリカ側はこうした地道な情報収集を積み重ねていたのである。

実際、プロペラを製造するための測定器類はアメリカ製、工作機械はドイツ製が使われ、日本製はほとんど使いものにならなかった。[*4]

三　諸外国の状況

アメリカ

意外なことに、アメリカでも、第二次世界大戦中はピアノの製造が禁止されていた。

一九四一年一二月七日（アメリカ時間）、日本軍はハワイの真珠湾を奇襲し、アメリカは対日参戦する。また、ドイツとイタリアがアメリカに宣戦布告を行い、第二次世界大戦にアメリカが加わることになった。

戦時中、一部の商品が不足し、配給制が導入されたものもあったが、全般としては、好景気のためアメリカ国民の不満が高まることはなかった。ピアノ製造に関しては、一九四二年春、ＷＰＢ（軍需生産委員会）はピアノメーカーに生産中止を命令した。第一次世界大戦時とは異なり、第二次世界大戦中、ピアノメーカーは直接、軍需品の製造に関わることになったのである。

スタインウェイはアメリカ空軍の部隊輸送機用の翼や胴体の下部、尾翼などを作り、ストーリー・アンド・クラークはフォード社のために、キンボールはボーイング社、ロッキード社、そしてダグラス社のために、それぞれ航空機の部品を製作することになった。フォードは自動車の会社だが、戦時中、軍用機も製作していた。また、キンボールは「マンハッタン計画」（原子爆弾を作ったことで知られる）に使われたいくつかの装置も作った。

スタインウェイのＧＩピアノ「ヴィクトリー・ヴァーティカル」
スタインウェイ社コレクション蔵

一方、ボールドウィンは真珠湾攻撃以前から国務省や陸軍省の仕事を請け負っていた。アルミニウムやほかの金属が不足していたので、飛行機の設計では、木材が重要な素材となったのである。アルミニウムが入手しやすくなった一九四三年以降、ボールドウィンは、木材加工から金属加工に移行し、さまざまな飛行機の補助翼や翼端を作った。そのなかには浜松を空襲したＢ29大型戦略爆撃機の部品も含まれていた。

一九四三年九月にイタリアが降伏し、連合国に敵対する枢軸陣営の敗北は確実な状況となった。一九四四年、軍需生産委員会は軍隊や病院、学校、音楽家たちのために少数のピアノを生産することを認めた。スタインウェイは二五〇〇台以上の「ＧＩピアノ」（戦場用にカーキ色に塗られたアップライトピアノ）を供給した。また、ボールドウィン、キンボール、ウーリッツァー、その他のメーカーは仕掛け品のピアノを仕上げること、そして、数量限定で新しいピアノを作ることも許された。しかし、戦後になるまで材料は乏しく、ピアノ産業はその主要なエネルギーを軍需品作りに向けることを余儀なくされた。

破壊されたベヒシュタインの工場（ベルリン）
Die Bechsteins

イギリス

第二次世界大戦前、イギリスのピアノ産業は少しずつ立ち直りを見せていたが、戦争が始まると、木材、鉄、鋼、ウールなどの資材が制限され、イギリスでも一九四三年八月にはピアノの製造が禁止された。消費者が不必要な品物を買わないようにし、資材を軍需用に振り分け、ピアノ産業の労働力と工場スペースを戦争遂行に使うためであった。

ピアノ工場は制約が厳しくなる中で、木工技術を生かして、政府用のピアノ以外に、家具、柩《ひつぎ》、飛行機の部品など、さまざまなものを作って生き延びた。[*5]

フランスとドイツ

第二次世界大戦でドイツに早々と降伏したフランスは、ドイツの占領下で、工業生産はほぼ完全にドイツの支配下に入り、資材も差し押さえられた。そのため、ピアノ製造は壊滅的な状況に陥った。大戦が終結した一九四五年、フランスには六社のピアノメーカーしか残っていなかった。プレイエル、エラール、ガヴォー、シントレール、エルケ、そしてクランである。*6

一方、ドイツでも、第二次世界大戦中は、戦争用の物資のために、ピアノ産業用の物資は極端に削減され、ピアノメーカーのほとんどは工場を閉鎖するか、戦争用の資材を作るかしか道はなかった。

ライプツィヒのブリュートナーは弾薬ケースを製造していたが、一九四三年の連合軍による空襲で灰と化した。ハンブルクのスタインウェイも一九四三年の空襲で破壊された。有名な部品メーカーであるシュトゥットガルトのレンナーは一九四四年の空襲で八五パーセントが破壊された。ベルリンのベヒシュタインも連合軍とアメリカ軍による激しい空襲によって、ラインスベルガー通りの工場だけでなく、ピアノ用木材の貯蔵施設もほぼ壊滅した。

このように、戦争中は日本のピアノメーカーだけでなく、世界各地で同様の事態が生じていた。なかでも、日本とドイツは、空襲によるピアノ産業へのダメージが非常に大きかった。

第七章　戦後の再出発

一　焦土からの復興

ヤマハの再出発

一九四五（昭和二〇）年八月一五日、相次ぐ空襲によって、浜松市はその七割以上が焼野原と化していた。窓ガラスの飛び散った浜松駅舎のあたりから、広い廃墟の向こうに、弾痕と爆煙にうす汚れたヤマハの工場の残骸が、眺められた。ヤマハは二日前に本社事務所をプロペラ部門の疎開を終えた山奥の佐久良工場に移したばかりだった。一五日は朝から米軍の飛行機が一機また一機と工場の上を旋回していった。正午になって、ラジオの前に集められた従業員たちが真空管ラジオから切れ切れに聞いたのは、日本の無条件降伏を告げる玉音放送だった。軍需品の生産作業はただちに中止された。

それから五日後の八月二〇日、ヤマハは本社事務所を浜松に戻し、工場再建に取りかかる。天竜工場長の川上源一のアイデアにより、軍需用の木材を使って、家具の製造と簡易住宅の建設を始めた。市役所と話し合って市民からの申し込みを受け付け、二年間で一〇〇〇戸を建てた。これは「千円バラック」と呼ばれ、浜松市民から喜ばれた。川上源一（一九一二〜二〇〇二）は当時の社長川上嘉市の長男で、高千穂高等商業高校を卒業後、大日本人造肥料会社を経て、一九三七（昭和一二）年にヤマハに入社した。こののち、源一はヤマハの第四代社長に就任することになる。一〇月に入ると、ヤマハではハーモニカ、シロホン（木琴）の製造を開始、翌年一月からはオルガン、アコーディオン、さらには、チューブホン、ギター、ミシンテーブル、ラジオキャビネット、占領軍用家具などの製造も始まった。しかし、ピアノの製造再開にはなかなか至らなかった。

ヤマハでは、戦時中、軍需生産のために、動員学徒や女子挺身隊などが加わり従業員は一万人にも膨れ上がっていたが、戦後、人員整理が行われ、一六八五名に圧縮された。世の中はまだ騒然としており、停電は日常茶飯事で、ロウソクや暖房用の炭火にも事欠き、週三～四回も工場を休む状態だった。会社の運営や土地、建物などは、すべて占領軍総司令部（GHQ）がにらみをきかせていた。

一九四七（昭和二二）年一月に、ヤマハのハーモニカ二〇〇〇ダースがアメリカに輸出された。そのハーモニカには「メード・イン・オキュパイド・ジャパン（占領下の日本製）」と記されていたが、戦後の混乱期にあった当時、この輸出の成功は楽器業界を活気づけた。

ピアノの生産再開も進められていた。図面は空襲で焼失し、材料も不足する中、ビリヤード台のフェルトをはがして使うまでして、同年四月、ようやく待望の戦後第一号のピアノが作られた。蓄音器、電蓄の製造も再開された。

カワイの再出発

一方、カワイでは「戦争が終わって、カワイに残されたものは、おびただしい爆弾の穴だけだった」というのが当時を生きてきた人々の実感だった。特にカワイは空襲が激しくなっても、社長の小市は疎開することを考えず、最後の最後まで浜松に留まろうとしたため、浜松の空襲で同社の生産機能はまったくの壊滅状態に陥り、機械も設備も資材もすべて失ってしまったからである。戦時中、一〇〇〇名以上いた従業員も、戦後は七六名の有志を残すのみとなった。その中で、小市はピアノを作ることしか頭になく、いつ作れるようになるかもわからないピアノのために木材の取得に力を入れ、従業員に給料が払えなくなるほどだった。物を作れば何でも売れる時代だったが、小市は頑として、従業員に楽器以外のものを作らせようとはしなかった。やむなく、従業員がその木材を利用してシロホンを作り、「これなら楽器だから」と持っていっても、「これは楽器ではない、オモチャだ、こんなものを作ってはいかん」と言い出す始末。しかし、このシロホンについてはさすがの小市も製造することを認めた。これが「河合のシロホン」として知られるようになり、従業員たちはどうにか生活の糧を得られるようになった。

一九四六（昭和二一）年四月、カワイは日本光学が疎開していた工場跡地を買い取り、新工場を建設する。これが島田工場で、河合小市の次女と結婚して養子に入った河合滋が建設の陣頭指揮に当たった。河合滋（一九二二〜二〇〇六）は浜松一中を卒業後、陸軍士官学校に進み、卒業後、千葉の戦車学校で初年兵の教育を担当している間に終戦を迎えた。滋はその後、カワイの二代目社長となり、同社を発展させることになる。

さて、島田工場は八月に完成したが、ピアノが製作できるような物資はまだそろわず、ラジオケースや進駐軍向けの家具などの生産から始めた。島田工場では翌一九四七（昭和二二）年後半から、オルガンや進駐軍向けアコーディオン、ミニピアノの製造に取り組んだ。一方、この時期、浜松工場では単音一〇穴ハーモニカが作られ、これは戦後の会社の基盤回復に大きく貢献した。

しかし、河合滋の奮闘でようやく軌道に乗りかけた島田工場は、義兄（小市の長女の婿養子）が復員して島田工場に入ってきたために同族争いが起こり、さらに本社支配人の扇動した争議などのために立ち行かなくなり、わずか二年ほどで日本光学に返還せざるを得なくなってしまった。滋は本社に戻るが、本社工場でも、給料の遅配、税金の滞納、争議の頻発と危機が連続した。バラック同然の工場と資材不足に苦しむ中で、カワイは昭和二三（一九四八）年七月、ようやくピアノとオルガンの製造を再開する。[*1]

資材不足

つまり、ヤマハでもカワイでも戦後すぐにピアノが製造できるようになったわけではなかったのである。空襲による破壊と敗戦による混乱で、鉄鋼、電力、石炭などの基幹産業はもとより、あらゆる産業の生産が低迷し、資材不足が続いていた。楽器産業も例外ではなく、各社とも原材料の入手難に悩まされていた。終戦直後の楽器業界は、対外的には有望産業として内外に嘱望されていたが、実情は生産資材割当優先順位から除外され、融資順位では最下位というありさまだった。[*2]

楽器業界は一九四七（昭和二二）年四月、「静岡県楽器工業協同組合」を設立し、資材の共同確保に努めた。各社の必要量を組合経由で陳情し、GHQの審査によって割当てを受ける仕組みである。しかし、もともと楽器生産に使用される資材は量から言えばわずかだが、種類は多く、しかも質的にかなり厳格な選択を必要とするので、その入手は当初困難をきわめた。一九四九（昭和二四）年に書かれた「楽器製造工業の現状」という記事の中に、一九四七（昭和二二）年度の資材供給状況（教育用楽器の資材は含まず）について述べられているが、表に掲載された八〇種の材料のうち五四種までは配給されないか、またはそれに近いものだった。これは楽器全般についての話だが、八〇種のうち配給が一〇〇パーセント以上のものは、塩酸、硫酸、アルミニウム、銅、亜鉛、鉛、アンチモニー、銀、亜鉛板だけである。このように楽器に資材が回らなかった理由は、資材の絶対量の不足に加えて、ほかの産業との競合という事情があった。さらに、楽器に関しては、質的に吟味しなければならない一方、需要量が少ないので、大工場でなかなか生産を引き受けなかったということも大きな原因であった。[*3]翌一九四八（昭和二三）年になると状況は少し改善されたとはいえ、ヤマハの昭和二三年度第二・四半期の原材料の資材需給状況によれば、掲載されている一二項目のうち、必要量に対して十分割当てられているのは羊毛フェルトだけで、ミュージックワイヤー、ゴム布引、羊毛ラシャはいずれも〇パーセントである。配給で入手できないものは、すべて闇で調達しなければならなかった。この統制は一九五〇（昭和二五）年まで続いた。

しかも、楽器には高額の物品税が課された。戦時中にどんどん吊り上げられたその税率は終戦直後に一二〇パーセントに達し、しかも、楽器の種類を問わず、税率は一定だった。その税率は徐々に引き下げられたとはいえ、一九四九（昭和二四）年の時点でもまだ八〇パーセントという高率で、個人需要の足かせとなる要因であった。

終戦後のピアノ

一九四六（昭和二一）年三月の調査によると、多くのピアノが空襲で焼かれた結果、ピアノは東京周辺で約二万台、大阪周辺で二万台、その他で三万台、総計七万台しか日本に存在しなかった。[*4] 焼け残ったものも占領軍用に接収（国などの権力機関が、個人の所有物を強制的に取り上げること）されたものが多かった。大野木によれば、東京在留の占領軍の家族用にはピアノ約六〇〇台が徴発されていた。[*5] 日本の調律師の草分け的存在であった宇都宮信一は占領軍からピアノの修理を依頼された一人だった。宇都宮によれば、最初の仕事が、横浜本牧の邸を接収して住んでいた軍の高官からの、グランドピアノの修理だった。副官が横浜駅まで高級車で宇都宮を迎えに来たが、その副官が「すごくいいピアノだから丁寧に扱ってくれ、おまえたちがたぶん見たこともない高級品だ」などと威張り散らすので、スタインウェイか何かかと期待して行ったところが古い国産のグランドだったという。占領軍の軍人の大半はピアノに関して無知だったが、金払いがよいのと、缶詰やせっけんなどが入手できるので、その後はちょくちょく米軍キャンプにも足を運んだと彼は述べている。[*6]

浜松にピアノメーカーが集結

浜松は戦後、ピアノメーカーの集結地となった。多くのピアノ製造技術者が戦場から帰還し、新たにピアノ作りを始めたのである。このときには、ヤマハとカワイ出身者に加えて、戦前に浜松地域以外で活躍していた人々の中からも、浜松周辺に転居して再び製造を始める動きが出て、この地域における戦後のピアノ産業の復活を支えた。

一方、戦前、ピアノ産業が栄えた東京や横浜、その他の地域ではピアノ産業の復興が見られなかった。これは楽器メーカーやそれを支える各部品の工場群が壊滅したことや戦災によって製造技術者が離散したこと、楽器メーカーに必要な広大な土地の確保が難しくなったことなどに起因する。[*7]

二　学校教育への器楽の導入

器楽教育の始まり

資材不足に悩む戦後日本の楽器メーカーの窮状を救ったのは、学校で新たに始められた器楽教育であった。

敗戦直後の一九四五（昭和二〇）年九月一五日、文部省により「新日本建設ノ教育方針」が発表され、従来の戦争遂行の要請に基づく教育施策を一掃して文化国家、道義国家の建設をめざすことになった。一〇月二二日には、連合軍最高司令官マッカーサー元帥による「日本教育制度に対する管理政策案」が告示される。総司令部には民間情報教育局、いわゆるＣＩＥが設置された。東京の内幸町にあった放送会館に本拠が置かれたＣＩＥは、総司令部の教育・宗教・美術・言語・図書・映画・演劇・出版・放送等を管轄

諸井三郎

した部門で、戦後日本の教育改革に大きな役割を果たした。小学校六年、中学校三年、高等学校三年の六三三制教育も一九四七（昭和二二）年四月一日から実施されて、教育制度は一新された。

それに先立ち、一九四六（昭和二一）年六月、初の「学習指導要領」が「試案」として発表された。これは、各教科で教える内容を定めたもので、CIEの指示により、アメリカの「コース・オブ・スタディー」をモデルにして作られた。「学習指導要領（試案）」の音楽科編をほぼ一人で作成したのは、作曲家の諸井三郎（一九〇三～一九七七）である。諸井は東京帝国大学文学部美学美術史科を経て、ドイツのベルリン高等音楽学校で学んでいた。当時、GHQは民間人登用を促進していたので、その一環で諸井も文部省に入省したのである。この指導要領の音楽科編は、戦後の音楽教育の方向を確定したものとして知られるが、ここで器楽教育がクローズアップされたのである。[*8]

ドイツ音楽至上主義者であった諸井は「ヨーロッパの音楽は中世期の声楽時代から近世の器楽時代に進むことによって偉大な発展をとげ、かつまたそれによって新しい声楽様式を生み出した。したがって音楽はいつまでも声楽時代であってはならないので、これを発達させるためには、どうしても器楽を取り入れなければならない」と力説する。さらに、器楽は声の悪い子どもや変声期の子どもたちにも有効であり、また、リズム教育や読譜力を養うためにも、有効であるとしている。

音楽教育の分野は、唱歌に限定されることなく、器楽、鑑賞、作曲を取り入れるべきだとする諸井の考え方にCIEも賛同し、一九四七（昭和二二）年の「指導要領」試案は器楽教育に重点を置いたものになった。翌年三月二日、文部省は「小学校・中学校音楽科器楽指導楽器について」という通達を出した。これは新しく指導内容に加えた器楽に、楽器編成上の目安を与えるためのものであった。それによれば、「ピアノ、オルガン、及び合奏楽器は音楽教育上必要欠くべからざるもの」とされ、「原則として常備することが望ましい」とされた。

このときに小中学校の音楽科の器楽指導に必要な楽器編成の目安一覧が示されたことは、重要な意味を持った。それを基に、文部省はほかの省庁や楽器業界と連携して、教育用楽器の生産と普及のための施策を展開したからである。もちろん、すべての施策はCIEの許可を得ながらであった。ちなみに、一九四九（昭和二四）年に書かれた「楽器製造工業の現状」では、終戦後の楽器の需要増の予想理由として、「時宜に乗じた軽音楽の流行」と並んで、「占領軍当局の指導による器楽教育採用」と述べ、器楽教育採用の背景に占領軍の存在が大きかったことをはっきりと示している。[*9]

教育用楽器の生産

このように数値で明示された教育用の楽器を、実際に生産するにはどうするのか。それを話し合うために、この通達が出されてほどなく、一九四八（昭和二三）年三月二九日、教育用楽器生産計画第一回総合協議会が開かれた。この協議会に集まったのが、GHQ、CIE、文部省、大蔵省、商工省、経済安定本部、全国楽器製造団体代表者だった。

その結果、文部省によって教育用品と認定された楽器のために、経済安定本部が生産資材を割り当て、商工省の指示の下に、楽器業界は教育用楽器を製造することになった。終戦後、楽器を作るための生産資材がいかに不足していたかは先述した通りである。そこに、生産資材が優先的に割り当てられる「教育用楽器の製造」という「打ち出の小槌《こづち》」が出現したのである。

さらに、教育用品となった楽器には、教育免税措置がとられることになった。当時楽器には高率の物品税が課されていたが、文部省が教育用楽器と認める楽器を新制小学校及び中学校において購入する場合には、免除されることになった。

各地の器楽教育熱

自治体の中でも京都市、名古屋市、福井市などは、一九四七（昭和二二）年の「学習指導要領」試案でクローズアップされた器楽教育に熱心に取り組み、さっそく市会の予算で楽器を購入した。なかでも京都市は熱心で、一九四九（昭和二四）年七月六日には弥栄小学校で京都市内小中学校の器楽設置記念演奏会が開かれた。「学童が器楽をやりだしてから、少年の犯罪が非常に減少した」ともいわれた。

「器楽教育は文部省視学官の諸井三郎、京都市視学官の中原都男、アメリカ軍政部のケーズ課長等の熱心な話し合いの結果、終戦一年目に京都から始まり、大阪、東京へと広がった」と、十字屋に勤務していた田中昌雄は述懐している。[*10] 一方、ヤマハの神谷英雄は、一九四九年八月三一日付の『日楽社報』の中で、京都市にこのように器楽教育熱が起こったのは教育者の熱意にあると述べ、「文部省の諸井視学官が京都の中原視学官と共鳴して、東京からはるばる京都まで、あの列車の混雑した一昨年頃、月何回となく小便壺をさげてまで通いつめたと聞く」と書いている。一九四七（昭和二二）年当時は石炭事情の極度の悪化から大規模な列車削減が行われ、時刻表の上で片道七時間半の東京と京都の往復は、大混雑の中、どれほど大変であったかと思われる。

そして、「これは当局の方針に地方教育関係者が良く協力しているためでもあるが、また、わが社を始めとして相当経費を惜しまず、各地に器楽講習会を開催したりして、その普及促進につとめた賜《たまもの》でもある」と本音を明かし、「一昨年この問題〔器楽教育〕が提唱されて、昨年九月実施をみるまでに大村常務に随伴して何遍東京へ通ったことか」と続けている。器楽教育を実施するには楽器メーカーの全面的な協力が必要不可欠であった。

器楽教育はこののちもさらに活発に進められたが、大部分の教師はそれまで唱歌指導の経験しかなかったため、楽器メーカーが教師の指導に乗り出した。

ここが、日本の楽器メーカーが他国と異なっているところである。

ヤマハは「全日本器楽教育研究会」を立ち上げ、器楽教育を指導する講師団を編成し、全国規模で小・中学校の招きに応じて器楽教育を推進した。これに各地のヤマハ特約楽器店が協力し、「楽器メーカーが講師を派遣し、楽器店が楽器を売る」というシステムが生まれた。

こうして、小学校から器楽教育が組み込まれたことで、教育用楽器の大きな需要が生まれ、ひいてはピアノ業界発展の下支えとなったのである。実際、ヤマハの当時の「営業報告書」にも、「文部省の器楽教育の実施に伴い、昨冬より本年にかけて需要は急上昇」[*11]し、さらに、「ピアノ、オルガン共に約六か月分の注文残」[*12]という盛況ぶりが書かれている。

ちなみに、一九五一（昭和二六）年の段階で、全国の公立小・中学校（三万二六三四校）のうち、備え付けのピアノ数は一万六〇〇〇台強に過ぎなかった。[*13]

教育用楽器の生産と品質管理

教育用楽器の需要が生まれた結果、「楽器とは名ばかりの粗悪品」も出回るようになったため、文部省は楽器の品質管理を始め、通産省の協力を得て教育用楽器の「規格」制定へと進んだ。文部省内の協議会が作った試案は、そのまま日本工業規格（ＪＩＳ）の原案になり、そののち、各楽器の専門部会に分かれて標準規格案が審議されることになった。こうして、工業標準化法に基づく日本工業規格が教育用楽器に適用された。もちろん、ピアノも例外ではなかった。

三　コンサートグランドピアノの開発

ヤマハのフルコンサートグランドFC

戦後、ヤマハがピアノ製造を再開したのは一九四七（昭和二二）四月一日のことだが、翌一九四八（昭和二三）年四月には、ヤマハ本社内に鋳造部門の工場が作られ、ピアノ用フレームの鋳造が始まった。木枠に鋳物土を手込めする方式で、週五枚程度の生産能力だった。六月には戦災で焼けた音響実験室が復旧し、七月にはピアノの海外輸出を再開した。

一九五〇（昭和二五）年八月、ヤマハは戦後初となるフルコンサートグランドFCを完成させた。陣頭指揮をとったのは、当時役員だった川上源一である。ミュージックワイヤー、ハンマーフェルト、ブッシングクロスは輸入品を使用し、小売価格は一三〇万円と決められた。戦前、コンサートでは外国製のピアノが使われていたが、一九三七（昭和一二）年の日中戦争以来、ピアノやその他の部品の輸入は止まっていたため、国内のコンサート用ピアノはいずれも満足な状態になく、国産フルコンサートグランドピアノの生産が待たれていた。

九月三〇日、東京の日比谷公会堂で「山葉コンサート・グランドピアノ発表演奏会」が開かれた。この日の演奏者は新進ピアニストの園田高弘と大堀敦子だった。二人は川上源一が東京音楽学校の卒業演奏会を聴いて選んだのだった。[*14] 園田はまた、このピアノの製作に当たっても演奏家の立場から助言した。

お披露目演奏会のプログラムは第一部が大堀で、バッハ＝リスト編《幻想曲とフーガ　ト短調》から始まり、ムソルグスキー《展覧会の絵》やリストの《演奏会用練習曲　変ニ長調》など。第二部は園田で、メンデルスゾーンの《厳格な変奏曲》から始まり、ベートーヴェンのソナタ《ヴァルトシュタイン》、ラヴェルの《水の戯れ》や《道化師の朝の歌》、その他ブラームスやリストといった多彩な曲目だった。

ところが、新しいピアノに対する批評は辛辣だった。作曲家の清水脩が『音楽新聞』一〇月中旬号で、FCについて「なにか、たがのゆるんだような、下帯《したおび》（ふんどし）のゆるんだような感じを与える低音、素気ない高音など、まだまだ信頼できる日の遠さを思わせる」と手厳しい批評を載せたのである。これに対して、同年九月にヤマハの新社長に就任したばかりの川上源一は烈火のごとく怒り、「これは山葉ピアノに対する最大の侮辱の言葉」だと猛然と反発し、『音楽新聞』紙上で論戦となった。

一九五〇年当時、入手できた材料の質を考えれば、戦前の絶頂期に作られたピアノと同等のピアノを作るのは実際には難しいことだったが、「下帯のゆるんだような音」という言葉は、のちのちまでヤマハ社内で語り継がれ、「臥薪嘗胆《がしんしょうたん》の合言葉のような存在」になった。[*15]

ちなみに、大堀敦子は当時を思い起こして、「家で弾いているヤマハピアノと違って、フルコン（フルコンサートピアノ）なので、豊かな響きで、音色も美しく、タッチのはぎれもよくて、とても弾きやすかった」と述べている。

FCはこの年、全国各地の演奏会に登場したのち、水戸市公民館に納入された。

カワイグランドピアノ五〇〇号

カワイでも、社長の河合小市が一九五〇（昭和二五）年、戦後初のグランドピアノ五〇〇号を製作していた。戦前の河合小市設計によるピアノを復活させたモデルで、小市の頭の中に残っていた克明な設計図を基に作られたピアノだった。しっかりした音質、バランスのとれた音量などで「名器」と称賛された。

このグランドピアノは三八万円で販売された。設計上特に弦を長くしていることから、型（奥行一七六センチ）に比べて音色、音量、タッチ等がすぐれ、カワイの代表的な製品となった。

　こうして、カワイのピアノ製作は軌道に乗ったかに見えたが、一九五一（昭和二六）年一月、カワイの浜松工場が火事になり、約半分が焼けてしまった。当時、カワイの経営状態は最悪で、一時は再起不能かと危ぶまれたが、浜松工場の工場長だった河合滋の指揮のもとで、社員が一丸となって工場再建に乗り出し、難局を乗り切った。

　そして、翌一九五二（昭和二七）年には、グランドピアノ六〇〇号、セミコンサートグランド七五〇号、そしてカワイ初となるフルコンサートグランド八〇〇号と、次々に新しいグランドピアノを発表する。カワイのフルコンサートグランド八〇〇号はヤマハＦＣと同じく、一三〇万円に設定されていた。

河合小市とカワイグランドピアノ500号

　当時、カワイのピアノの生産台数はアップライトピアノが一日に一台から一・五台、グランドピアノが月に四、五台程度だった。[*16]設計者である小市自身が出荷前の最終検品を行い、実際にピアノを弾いて確認し、納得しなければ決して出荷されることはなかった。《越後獅子》や《三十三間堂》の曲を機嫌よく弾くと合格。気に入らないと、担当を呼んでやり直しさせた。[*17]河合小市は自己流とはいえ、ピアノを達者に弾いた。

　小市は新製品を開発するごとに、ピアニストや社外技師の批判に謙虚に耳を傾けた。[*18]上京するたびにいろいろな音楽学校へ足を運び、視察を繰り返していた。小市が音楽の場におけるピアノという楽器に熱意を持っていたことの証だった。[*19]

一九六一（昭和三六）年頃発行されたカワイのセールスマン用の冊子を見ると、カワイのピアノのセールスポイントの一つは、ミュージックワイヤー、ハンマーフェルト、ブッシングクロス、チューニングピン等、「製品に絶対的な影響を持つ重要資材は、すべて英、米、独の最高級品を輸入使用しております」と記載されている。[*20]この時点でもまだ、これらの輸入部品がなければピアノは作れなかったのである。

四　ミュージックワイヤーの国産化

ピアノ用の弦、ミュージックワイヤーは、一般のピアノ線よりも規格が厳しく、輸入品に頼っていた。ミュージックワイヤーは鋼の中でも最高品質の鋼を用いると共に、一般の工業用ピアノ線とは異なる厳しい規格・製造工程で作られており、強い張力に対する耐性を要求され、曲げ試験、平打ち試験、酸腐食試験などが課されるため、外国製品の独壇場となっていた。ヤマハでは一九四九（昭和二四）年からミュージックワイヤーの研究を始めていたが、開発は難しかった。

そこに名乗りを上げたのが鈴木金属工業（現日鉄ＳＧワイヤ）である。

鈴木金属工業は、日本で初めてピアノ線の国産化に成功したメーカーで、戦時中は軍需用のピアノ線製造で業績を伸ばした。しかし、軍需用ピアノ線の需要がなくなった戦後は、財務事情が苦しく、ピアノ用ミュージックワイヤーの国産化に会社の浮沈をかけていた。[*21]鈴木金属工業ではヤマハからの助言を参考に、試作を繰り返したが、なかなかうまくいかず、試作くずが三〇トンも出る始末で、技術陣は悲鳴を上げた。当時のピアノ線の生産量は、月二〇トン前後しかなかったのである。しかし、社長の村山祐太郎は「これができれば、ピアノの弦だけでなく、自動車エンジンの弁バネをはじめすべてが良くなる」と社員を叱咤激励し、ついに一九五〇（昭和二五）年、国産化に成功した。

その間、鈴木金属工業では給料の支払いにも事欠くほど財政が窮乏し、ミュージックワイヤーの材料となる線材をスウェーデンから輸入するための資金がなかった。意を決した村山は、営業部長の松丸巌を伴って浜松のヤマハの本社を訪ね、社長の川上に前渡し金として一〇〇万円の手形を依頼した。しかし、ヤマハは、前渡し金の支払いを拒否した。そのやりとりを聞いていた松丸は「鈴木金属はいま非常に困っている、おたくが苦しい時は鈴木金属の手形をきります」とタンカを切った。当時の鈴木金属工業とヤマハとでは、まったく会社の規模が違う。同席していたヤマハの課長、窪野も「日本楽器へきて、こんなバカなことをいう者は一人もいない」と驚いたが、結局、川上は一〇〇万円の手形を切った。こうして、鈴木金属工業はミュージックワイヤーの試作を続けることができ、国産化に成功したのである。

一九五七（昭和三二）年前後は、毎年、通産省が召集してピアノの「生産計画策定懇談会」が開かれていた。これはミュージックワイヤーやハンマーフェルト、チューニングピンなど、ピアノ製作用の輸入部品の見込み数を取りまとめるための会議で、通産省としては楽器メーカーになるべく国産品を使用させて輸入による外貨の流出を防ぎたいというねらいがあった。そこで、鈴木金属工業は国産品の現況について説明していたが、なかなかピアノメーカーの理解は得られなかった。[*22] 一九五八年三月に開かれた懇談会では、ヤマハから「特別要求のある一部のものを除いては九〇パーセント以上スズキ製品を使っている」という報告があったものの、中小メーカーからは鈴木金属工業の製品に対する反対意見が相次ぎ、通産当局からは「業者には舶来依存感が強すぎはしないか」と言われる始末。[*23]

さらに、あるときは、浜松の中小のピアノメーカーが「われわれはスズキのピアノ線は品物が悪いから使わないんだ。たとえていうなら、モーリツ、レスローのピアノ線は一級酒だが、スズキのピアノ線は焼酎だ」と述べたことで、通産省日用品課の担当官は「あなた方はなにをいうか。日本楽器が正確な試験データをもって折紙つけているのに、使いもしないのに焼酎とはなにごとだ」とカンカンになって怒ったという。[*24]

中小メーカーにも納得してもらうために、鈴木金属工業は、当時、ピアノ調律の名人といわれた沢山清二郎を技術顧問に迎え、実際に輸入品と鈴木金属工業のミュージックワイヤーを張った二台のピアノでブラインドテストを行って差がないことを証明した。

その後、さらに研究を重ね、一九五七（昭和三二）年には九五～九八パーセントの合格率にこぎつけた。また、スウェーデンから輸入していた線材自体も、一九七九年（昭和五四年）以降、国産化した。

こうして、楽器メーカーだけでなく、部品メーカーも一丸となって、日本製のピアノの質の向上が図られたのである。

では、戦後の日本の状況と比較して、諸外国ではどうなっていたのだろうか。

五　アメリカの繁栄と他国の低迷

アメリカ

一九四五年八月一五日の日本降伏後、アメリカのピアノ産業はただちに復興した。ピアノ・ディーラーのネットワークはほとんど無傷で、ピアノの生産が中止されていた戦争中も中古品の売買や調律、修理で生計を立てていた。一九四六年、九万三四九九台のピアノが出荷され、その数は翌四七年には一四万六三九三台に上昇した。当時、アメリカで人気があったのは、中古品ではなく、新品のコンソールピアノ（背の低いアップライトピアノ）と電子オルガンだった。一九五〇年代には平均して毎年一七万九〇〇〇台のピアノが生産されていた。[*25]

ドイツ

ドイツは戦後も苦難が続いた。[*26] ドイツは西と東に分割され、主要なメーカーであるツィマーマン、ブリュートナー、フェルスター、レニッシュは東ドイツに位置していた。東ドイツのメーカーは、悪い材料で数は作らなければならなかったために、そのイメージは傷ついた。東ドイツの楽器はあらゆる楽器を扱う輸出エージェント、ムジマによって販売された。

一方、西ドイツの方も、回復するには時間がかかった。ベルリンのベヒシュタインは西側のアメリカ占領地区に残された。一九五一年、ようやくグランドピアノの製造が再開され、年産一〇〇〇台ほどピアノを生産するようになったが、一九六三年にアメリカのボールドウィン社に売却された。

ドイツの東部で創業した多くのメーカーは戦後西ドイツにやってきてそこで再びピアノを製造しようとした。テュルマーやフォイリッヒなどである。一九五四年にはピアノメーカーだけでなくサプライメーカーもメンバーに入れた協会が発足し、一九七〇年初めまで、ピアノ生産は順調に伸びた。

フランス

第二次世界大戦が終結した一九四五年、フランスには大小合わせて六社のピアノメーカー、つまり、プレイエル、エラール、ガヴォー、シントレール、エルケ、そしてクランしか残っていなかった。そのうち、プレイエル、エラール、ガヴォーの三社はフランスを代表するピアノメーカーであったが、第二次世界大戦後の経済危機が続く中で、プレイエル社の衰退には歯止めがかからなかった。プレイエル社がプラスチックの部品を使うようになったことも衰退の一因だった。

フランスのピアノ製造業が立ち直らないうちに、よりマージンが見込める外国のピアノを輸入する業者が現れた。この局面を打開するために、一九六九年、まず、ガヴォーとエラールが合併し、続いて、一九七一年、ガヴォー゠エラールはプレイエルと合併した。しかし、この合併はうまくいかなかった。保険会社が出資していたガヴォーは一九七〇年末に工場を閉鎖し、プレイエル、エラール、ガヴォーの三つの商標の使用権はドイツのメーカー、シンメル社に売却された。

一方、エルケ（一八四六年創業）とシントレール（一八八四年創業）はいずれも主にアップライトを製造していたが、どちらも第二次世界大戦後、苦境が続いていた。一九六六年、新しい文化政策が実施されることになり、ようやくフランスでのピアノ需要が見込めるようになった。もともとエルケとシントレールはプレイエル、エラール、ガヴォーの三社よりも楽器が安かったので、公共財を購入するための団体UGAPの仲介で、楽器を学校に納入していた。ところが、この団体は新たに購入する楽器にフランス製ではなく、外国製を選んだ。一九六八年、オランダ製のピアノが二五〇〇台納入され、第二弾の二〇〇台がそれに続いた。年産およそ一五〇〇台であったエルケとシントレールにとって、この市場を失ったことは致命的な結果となり、シントレールは一九六九年、エルケは、新会社ラモーが公教育の新しい納入業者に指名された一九七四年、工場を閉じた。

クラン（一八一九年創業）は、代々一族で受け継がれた手工業的なピアノメーカーで、その後も細々と続いた。[*27]

フランスのピアノ製造はこうして衰退の一途をたどった。フランス政府はフランスの伝統的なピアノ作りを守ろうとはしなかったのである。

イギリス

第二次世界大戦後、イギリスではピアノに高率の物品税が課され、イギリスで作られるほとんどピアノは輸出するしか道がなくなった。これは外国市場を拡げたものの、イギリスはピアノに関して輸入赤字となっていた。[*28]

つまり、第二次世界大戦後の世界のピアノ市場はアメリカの一人勝ちであった。

六　川上源一の欧米視察

最初の海外視察

一九五三（昭和二八）年七月八日、ヤマハ社長、川上源一は欧米の楽器業界に視察に旅立ち、多くの収穫を得て九月二六日に帰国した。彼にとって初の海外出張だったが、この視察こそ、その後のヤマハの動向、ひいては日本のピアノ産業の動向を左右することになった。

直行便などない時代のこと、源一は渉外課長代理の栩木《とちぎ》仲をお供にパンアメリカン航空のプロペラ機に乗り、羽田空港からまずハワイへと飛んだ。そこからアメリカに渡り、方々を視察しながら楽器の特約店契約なども行い、ヨーロッパを回って、中東を経て日本に戻ってきた。何もかも、見ると聞くとでは大違いだった。数々のカルチャーショックに見舞われる中で、源一は将来のヤマハの経営に関するあらゆる基礎的な理念について改めて考え、また、それらは国際的な視野において検討しなければならないことを痛切に感じとった。

ミュージック・コンベンション

ハワイを経て、ロサンゼルスからシカゴに到着した源一は、同地で開催されたミュージック・コンベンション（楽器の見本市）に足を運んだ。それはパーマーハウスという一流ホテルの六、七、八階の三階分全フロアの三〇〇以上の客室を使って行われた。アメリカだけでなくヨーロッパからもメーカーが集まって、ピアノを始め、さまざまな楽器やステレオなどを展示し商談するこのコンベンションのスケールの大きさに源一は度胆を抜かれたが、二日間かけてすべての部屋を一つ残らず見て回った。アメリカ製のピアノはマホガニーやウォールナット色の木目を生かした木地塗りのピアノが主流で、大半は丈の低いスピネットタイプだった。彼は、商談ができる機会を期待して黒塗りのヤマハピアノのカタログを携えていたが、恥ずかしくて見せることもできなかった。この時の経験から、帰国後、木地塗りのヤマハピアノの展示会が日本各地で開かれることになった。

川上源一

アメリカ製のピアノのうち、スタインウェイとボールドウィン以外は音色の良さは見られないと感じたが、ウィーンの名門ベーゼンドルファーが出品していたコンサートグランドに初めて接し、その美しい音に陶然となった。ベーゼンドルファーは源一の没後、二〇〇七年にヤマハの子会社となる（後節参照）。

ウーリッツァーのピアノ工場に見学に行くと、そこは月産二〇〇〇台の大量生産システムで、立派な乾燥室を備えていた。当時のヤマハはちょうど月産五〇〇台に達したところである。工場長の松山幹次は源一が欧米視察に出かけている間に五〇〇台に達したので大いに喜び、源一宛に電報を打ったという。その四倍をウーリッツァーは生産していた。

そのほか、ガルブランセン、ボールドウィン、キンボールの工場を視察し、大量生産のありさまと生産性の高さ、従業員の士気の高さに目を見張った。「生産性においては、少なくともアメリカは日本の三倍だ」と源一は思った。[*29]

その半世紀あまり前、一八九九年、ヤマハの初代社長山葉寅楠がシカゴのピアノ工場を見学したとき、「職工が実によく働き、日本の職工は遠く及ばない」という感想を記していたことが思い出される。

ヨーロッパの印象

海を越えてヨーロッパに渡った川上源一は西ドイツでスタインウェイの工場とベヒシュタインの工場、フランスでプレイエルとガヴォーの工場を見学する。ハンブルクのスタインウェイ社はヤマハとほぼ同じくらいの規模で、作業方式もよく似ていたが、従業員や技術者は老齢化し、生産台数も月産一〇〇台と少なかった。しかし、エアコン装置には感心し、帰国後、ヤマハでもピアノ工場からエアコンの設備を逐次取りつけていった。

ベルリンのベヒシュタインは空襲で焼け残った昔の工場の半分だけ使って操業しており、材料の入手もいまだ困難な状態であった。ここで源一は改めて総代理店の契約を結んだ。[*30]

フランスでは、プレイエルの工場で、壁にかけられたグラフを見ると、一九三〇年代の月二〇〇〇台をピークに激しく落ち込んでおり、従業員は完全に労働意欲を失っていた。一方、ドイツでは、シュトゥットガルトのレンナー社の工場も見学した。ここは機械が自動化されていて、アクションがどんどん流れるようにシステム化されていた。一つ一つ手で刻んで、一つ一つ穴を開けているような日本とは大違いだった。レンナー社はピアノのアクションを作るトップメーカーで、現在も世界の名だたるピアノメーカーにアクションを供給している。第二次世界大戦中、一九四四年七月二四日の連合軍によるシュトゥットガルト空襲により、工場の八五パーセントが破壊された。しかし、社長と従業員の懸命の努力で、一九四八年、生産は再開され、最先端科学技術の導入により、ほどなくグローバルマーケットの首位に返り咲いた。見事に立ち直ったレンナー社の姿は、同じ敗戦国でピアノ作りを再開した源一に大きな刺激を与えた。

この欧米視察で、源一は、ピアノは斜陽産業だという感を深くして帰国した。今後進むべき方向は定まった。彼は当時を回顧して、次のように語っている。[*31]

あのレンナー工場のように、大量生産化の方向を採らない限り、輸出商品としての競争力はないから、技術陣を思い切り強化、さらに、デザインの面でも全部改善の必要があるし、音楽普及の面でも根本的に考え方を変えなければならない。とにかく、何から何まで全部新しくやりなおして世界的な視野ですべての準備をしない限り、日本楽器の将来はない――というのがその時の私のはっきりした結論であった。

また、この視察で源一はアメリカの楽器メーカーが電子楽器を製造していることを知ったのは、電子オルガンを開発するきっかけとなった。

こうして、源一は、帰国後、大量生産のための技術陣強化、デザイン面の改善、音楽普及の新しい方法、電子オルガン開発、という四つの課題に取り組むことになる。ちなみに、源一はシュトゥットガルトのレンナー社の大量生産のシステムに深く感銘を受けたわけだが、その一〇年後、同社を訪れたヤマハの取締役、窪野忍はまったく違う感想を抱くことになる（後節参照）。

七　ヤマハ、オートバイを製作する

遊休機械の使い道

戦前、ヤマハはプロペラ等を製造し、戦争中はそれが本業となっていたわけだが、敗戦と共に製造は中止され、使用していた工作機械は、疎開先の佐久良工場に眠ったままであった。しかし、機械の保全管理は行われていたため、いつでも使用できる状態にあった。実は、一九四六（昭和二一）年二月一二日、ヤマハはＧＨＱからプロペラ、補助タンクとその部品、及びプロペラ製造用専用機械の完全破壊を命じられたが、厳しい日程の中で、当時の社長、川上嘉市は綿密な計算の下にみごとにそれをやり遂げ、ＧＨＱの要員を驚かせたというエピソードがある。しかし、プロペラ製造専用以外の工作機械は、破壊を免れて多数残っていたということなのだろう。

ヤマハオートバイ「赤トンボ」

オートバイ製作へ

ともあれ、一九五三（昭和二八）年五月、川上源一はそれらの機械を浜名郡浜北町中条（現浜北市）に土地を購入して移し、それから何を作るか考えた。そこで決まったのが、オートバイの製作である。技術陣はドイツのオートバイＤＫＷを参考にしながら、研究と試作を続け、翌年八月、一二五ＣＣの試作車を完成させた。「赤トンボ」の愛称で爆発的に売れた「ＹＡＭＡＨＡ一二五」が発売されたのは一九五五（昭和三〇）年二月であった。その年の七月、ヤマハはオートバイ部門を分離して、ヤマハ発動機株式会社を設立した。「赤トンボ」は同年、いきなり富士登山レースで優勝を果たす活躍を見せ、バイクメーカーとしてのヤマハの名を高めた。

ヤマハのオルガン部門の社員たちは、ヤマハ発動機の工場を見学して刺激を受け、試行錯誤の結果、一九五七（昭和三二）年以降、ベルトコンベアシステムの導入に踏み切った。[*32] この革新はその後のピアノ部門の手本となった。

八　河合 滋、カワイ二代目社長に

河合小市死去

一九五五（昭和三〇）年一〇月五日、河合小市が世を去った。その二年前、一九五三（昭和二八）年には河合小市に業界初の藍綬褒賞が贈られた。東京での晴れの舞台を終えて、浜松駅に戻った小市は工場に帰る前に山葉寅楠の墓に向かい、墓前に跪《ひざまず》いて感謝の報告を行った。

河合　滋

二代目社長、河合 滋

次期社長になったのは、三三歳の娘婿、河合 滋である。内紛を乗り切った滋は一九五二（昭和二七）年一月、専務取締役に選ばれて経営の実権を握り、社長就任後はさらに思い切った改革に乗り出す。

彼は販売体制の確立を急ぐと共に、生産設備の改革に着手する。浜松工場を担保に、銀行から資金を借り入れて、静岡県の新居《あらい》に総面積八万二五〇〇平方メートルの広大な工場用地を買収し、近代的な木材工場の建設に着手したのである。

また、経営難に陥っていた羽衣楽器の吸収合併、北海道や九州を始めとする地方都市への出張所展開など、次々に積極的な手を打っていったが、この成長ぶりがヤマハを刺激した。この頃から、ヤマハのカワイに対する妨害行為が激しくなっていった。

「株買い占め事件」

一九五六（昭和三一）年七月頃、カワイの株式が連日、不自然な値上がりを見せた。カワイが調査したところ、すでに株の過半数が、ヤマハのダミー会社によって買い占められていた。カワイは急遽増資をして防戦し、世論に訴える一方、ヤマハを独占禁止法違反で公正取引委員会に提訴した。公正取引委員会はカワイの訴えを認め、ヤマハに対して取得した株式の処分を命じる審決を下した。

カワイ、ヤマハを告訴する

一九六〇（昭和三五）年、カワイに入社したコミッション・セールスマン（歩合制販売員）が「コミ・セル労組」を結成して社内を攪乱する一方で、カワイに対して営業妨害を繰り返すという事件が起こった。カワイは、この騒動の黒幕はヤマハであるとして、ついにヤマハを営業妨害と信用毀損罪で東京地方検察庁へ告訴に踏み切った。結局、有力者による仲介によって和解したものの、両社の確執はその後も続いた。

九　ヤマハ音楽教室の誕生

ヤマハの「実験教室」

学校での器楽教育振興と歩調を合わせるように、一九五四（昭和二九）年五月、ヤマハの東京支店（現ヤマハ銀座店）地下で「実験教室」がスタートした。ヤマハ音楽教室の始まりである。「戦後日本のイノベーション100選」にも選ばれたヤマハ音楽教室は、専門家を育てることを目的とする早期教育の音楽教室とは異なり、純粋に音楽を楽しむことができる人を育てるという点で画期的だった。「実験教室」では、ピアニストとして高名な井口基成、安川加壽子、そして、色音符の指導で知られるたなかすみこの三名が講師として招かれた。これは当時の東京支店の課長、金原善徳のアイデアで、「ピアノを買っても、子どもが習う先生がいない」という客のことばがきっかけだった。当初、会場は一か所、生徒数は一五〇名、講師八名から始まった。この講師の数から、井口、安川、たなかだけが個人的に関わっていたのではなく、その弟子たちもまた講師として加わっていたことが分かる。このうち、井口、安川（とその弟子）によるレッスンは個人レッスン、たなかすみこは色音符を使ったグループレッスンを行った。

ヤマハは「全日本器楽教育研究会」の講師たちに幼児の音楽教育に対する意見を求めた。[*33] この中で、松本洋二、伊藤英造、高橋正夫は、「色音符」に批判的で、色彩と音とを関連させるところに無理があると言い、さらに、個人レッスンに対しても懐疑的で、初歩は基本的な音楽に対する親しみを持たせることが必要だという意見だった。これが、バイエル否定論の川上源一の考え方とも一致し、ヤマハ・システム確立へとつながることになった。

一方、カワイも一九五七（昭和三二）年からカワイ音楽教室をスタートさせ、急成長を遂げた。

その後の発展

その後のヤマハ音楽教室の飛躍的な伸びは次頁表の通りである。名称は当初の「ヤマハ実験教室」から

ヤマハ音楽教室の発展*34

年代	生徒数	講師数	会場数	備考
1954	150	9	1	実験教室
1955	500	20	5	
1956	1,000	30	10	オルガン教室
1957	2,000	50	20	
1958	3,000	100	150	
1959	20,000	500	700	ヤマハ音楽教室
1960	60,000	1,000	1,500	
1961	120,000	1,700	3,500	
1962	150,000	2,000	4,500	
1963	200,000	2,400	4,900	
1964	210,000	2,500	4,900	
1965	220,000	2,500	4,990	
1966	230,000	2,800	5,200	
1967	250,000	2,840	5,500	（財）ヤマハ音楽振興会設立（10月）
1968	260,000	3,000	5,880	

カワイ音楽教室の発展*35

年代	生徒数	講師数	教室
1957	70	5	3
1958	2,685	66	165
1959	19,968	283	708
1960	45,806	824	1,648
1961	68,320	1,140	2,062
1962	125,326	1,722	4,305
1963	194,286	2,690	5,365
1964	216,584	3,105	5,983
1965	231,806	3,283	6,337
1966	256,770	3,590	6,717
1967	289,497	3,945	7,535
1968	322,492	4,386	8,377
1969	348,835	5,006	9,114

一九五六（昭和三一）年「ヤマハオルガン教室」へと変わり、さらに、一九五九（昭和三四）年には「ヤマハ音楽教室」となって、現在に至っている。その間、一九六七（昭和四二）年には音楽の教育と普及を主目的に、財団法人　ヤマハ音楽振興会が設立された。

右の表から、ヤマハ音楽教室はこの間、生徒数、講師数、会場数が急増したことがわかる。なかでも、一九五八（昭和三三）年から一九五九（昭和三四）年にかけての生徒数の伸び率は七倍近くになっている。同じく、カワイ音楽教室でも、この間、生徒数、講師数、会場等が急増している。

それは、この時期に学校教育で起こった大きな変化が原因だった。すなわち、第三次学習指導要領の告示である。

第八章　急成長

一　学校教育における鍵盤楽器の指導――『第三次学習指導要領』

『第三次学習指導要領』告示まで

先に見たように、一九四七（昭和二二）年の『学習指導要領（試案）』で義務教育に器楽教育が取り入れられた。一九五一（昭和二六）年に、内容の一部を改訂した『学習指導要領』の第二次試案が刊行され、器楽教育も引き続き推し進められたものの、全国規模で浸透させることは、なかなか難しかった。というのも、それらはあくまでも「試案」であって、法的拘束力はなかったからである。

しかし、一九五八（昭和三三）年に改訂告示され、小学校で一九六一（昭和三六）年、中学校では翌年から全面実施された『第三次学習指導要領』は法律に基づいた官報告示として発表された。つまり、ここから法的拘束力を持つものになったのである。

新しく学習指導要領が告知された背景には、日本の状況の変化があった。一九五一（昭和二六）年九月八日、サンフランシスコ条約が締結され、日本は占領が終わり、国家主権を取り戻した。一九五八（昭和三三）年三月、教育課程審議会は「最近における文化・科学・産業などの急速な進展に即応して国民生活の向上を図り、かつ、独立国家として国際社会に新しい地歩を確保するためには、国民の教育水準を一段と高めなければならない」と答申した。[*1]

ここで問題になったのが、音楽の授業時間の削減である。「音楽」が「修身」の復活の犠牲になるのではという観測が流れ、全国の音楽教育団体、演奏家及び作曲家団体、音楽文化諸団体が結束して全国的運動を展開し、それが社会問題に発展した。もちろん、楽器業界自体もヤマハの東京支店長、窪野忍が中心となって積極的に音楽の授業時間の削減反対運動を展開させた。[*2]

『第三次学習指導要領改定案』中間発表

一九五八（昭和三三）年八月一日、学習指導要領改訂案の中間発表があった。ふたを開けてみると、中学校の音楽の授業時間は下馬評通り削減され、中学校三年生が週二時間から一時間になった（ただし、選択の時間で履修することも可能とされた）ものの、その一方で、小学校一年生はそれまでの週二時間が三時間に増えていた。

その内容を見て楽器業界は喜びに沸く。『楽器商報』には、「関心の的だった学習指導要領が発表されて、何にもせよ業界はホッとした」と記され、「業界は無尽蔵な音楽層を指導要領が示した必然的な信念に応えて真心から開拓する義務を背負ったようなものだ。こんな結構なお荷物は、そうざらにあるものではない」として、これは「業界指導要領」だと大歓迎している。[*3]

オルガンの必修化

こうして作られた『第三次学習指導要領』について注目すべき点は、器楽教育面で鍵盤楽器の指導が明記され、オルガンが小学校一年生から必修になったことである。それまでの指導要領でオルガンは指導の対象になっていなかったが、『第三次指導要領』では「音楽学習の効果を上げて、美的情操を培うのに非常に役立つ楽器だから」という理由で、オルガンを一年生から必修とした。このようにオルガンを日本全国の小学生一年生から全児童に弾かせるというのは、世界的にも類を見ない指導法で、ずいぶん思い切ったアイデアである。

法的拘束力を持つ、この『指導要領』に沿った授業をするには、当然オルガンが多数必要となる。こうして、オルガンが小学校一年生で必修にされたことによって、学校は一九六一（昭和三六）年までに「授業を受ける生徒の人数分、もしくは授業の進行を妨げない程度のオルガン台数を確保しなければならなくなった」[*4]。公立の小・中学校におけるピアノ・オルガンの設置状況を文部省の統計からまとめた表を見ると、一九五四（昭和二九）年から一九六一（昭和三六）年にかけて、ピアノは約一万台、オルガンは約七万台増加している[*5]。子どもたちにとって、鍵盤楽器は先生が弾くものではなく、自分たちが弾くものになっていった。ヤマハやカワイなどの鍵盤楽器メーカーとしてみれば、願ったりかなったりの状況であった。大規模な固定需要が保証されたばかりでなく、将来の顧客を作り出す機会に恵まれたのである。文部省は新しい学習指導要領でこのような目標内容を示すと共に、器楽の指導書や教材例などを刊行したり、各地で教育委員会とタイアップして強力に現職教育を進め、器楽教育の新しい方針の趣旨徹底や効果的な指導法の研究を行ったり、実験学校を設けて器楽の指定研究を委嘱し、その成果を全国に紹介するなど、さまざまな努力を続けた。ここでももちろん、楽器業者がその強力な推進力になった。

カワイの二代目社長、河合 滋の著書には、「文部省ではたびたび私どもメーカーの組合を呼びまして会合をいたしておりまして」あるいは、「文部省の壮大な計画、願いをすぐにやってくれる」といった文章が見られ、文部省と楽器メーカーとが緊密な連携を取っていた様子が分かる[*6]。

こうして、法的拘束力のある第三次学習指導要領で、オルガンが必修化されたことの意義は大きかったが、楽器を揃えるには費用がかかり、学校側は費用の捻出に頭を悩ませた。国庫負担の教材費や地方公共団体の公費はわずかで、ＰＴＡや篤志家の寄付に頼ることも多かった。そこへ、追い風が吹く。大蔵省が文部省の長年の予算要求を認めた結果、一九六七（昭和四二）年「教材基準」が出され、国庫負担で楽器が購入できるようになったのである。

「教材基準」

「教材基準」によって、学習指導要領の内容を遂行するために必要とされる教材の品目と数量が学校規模別に規定され、規定内であれば教材費国庫負担金で購入することが可能になった。それにより、鍵盤楽器に着目してみると、ピアノはもちろんのこと、電子オルガンと鍵盤ハーモニカが加えられたこと、そして、オルガン（大型のもの）を学級数だけ確保して各学級の教室ごとに一台ずつ備えるようにしたこと、音楽教室には児童数（四五名）のデスクオルガンを配置することが規定された。デスクオルガンとは、ふたを閉めたときに机として使用できるリードオルガンである。「このことは、文部省がいかに鍵盤学習というものを音楽教育の基盤として重視していこうとしているかを端的に示したものといえよう」と当時、文部省教科調査官だった真篠 将は明言している。[*7] 小学校一年生から学校教育でオルガンを必修にする、という方針は、一九六八（昭和四三）年から始まった第四次学習指導要領まで受け継がれ、おびただしい数の安価な電動オルガンが全国津々浦々の学校に納入された。それが、音楽教室とつながり、さらに、ピアノ人口の拡大へと結びついたのである。まさしく、日本独自の現象であった。

カワイの電動オルガン開発

一九五八（昭和三三）年八月、カワイは業界初の電動オルガン「グロリアス六号」を発表する。当初は生産量もわずかだったが、東芝とカワイが業務提携し、「スフォルツァンドA型」を発表してから、急激に売り上げが伸びるようになった。

これは、当時、オルガン購入者が寄せた「オルガンの発音が遅すぎる」という苦情から生まれたものだ

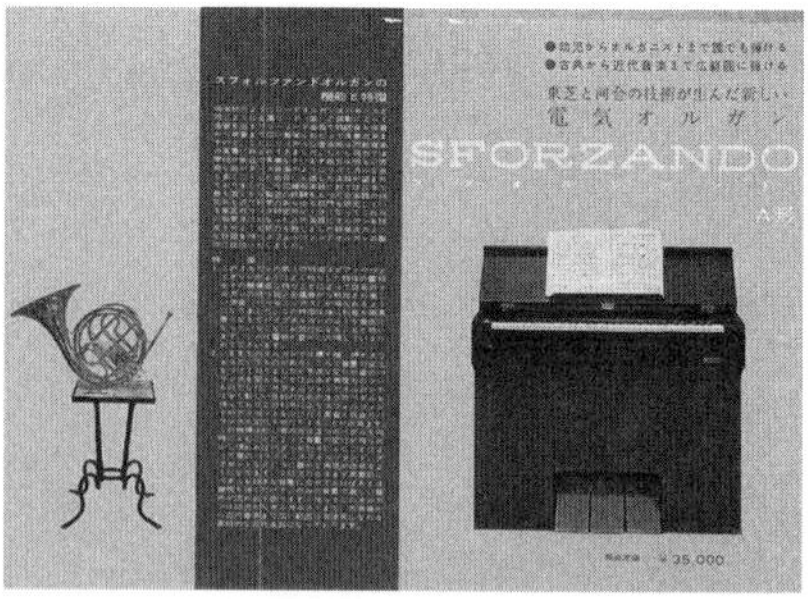

カワイ電動オルガン　東芝との提携によるスフォルツァンドA型
『世界一のピアノづくりをめざして：河合楽器製作所創立70周年記念誌』

った。社長の河合 滋がその苦情の真意を調べさせると、「鍵盤にあたってもピアノのようにすぐに音が出ない。しかもピアノのような連続弾ができない、ということであって、オルガンを買った人が、大部分ピアノを練習する前提として買っているようである」という報告が上がってきた。[*8]

オルガン購入者が希望したのは、ピアノの代用となる楽器であった。そこで、カワイでは、小型のモーターで送風機を動かして吸気し、音を出す仕組みで、ペダルを踏まなくても電気で音が出る電動オルガンを開発した。これが初心者には好評で、さらに、価格も安かったため、またたく間に従来型の足踏みペダル式のオルガンに取って代わった。ヤマハはもちろん、さまざまな電機メーカーが電動オルガン市場に参入することになった。

注目すべきことは、電動オルガンの開発によって、鍵盤楽器が家庭にも急速に広がったことである。電動オルガンを入口として、次にピアノ、あるいはエレクトーンに進むというのが、子どもの音楽学習にとって、一般的な道筋となった。

街頭宣伝

それと共に、カワイは商品の街頭宣伝も開始した。駅前、街角、神社の境内など、さまざまなところでデモンストレーションを行うのである。滋はカワイの社報に以下のように書いている。[*9]

私が道路の軒先に場所を借りてそこにオルガンを配置して、指をふれさせながら宣伝する方法をやらせようと考えた時には大きな抵抗があった。楽器は高級品だ、それなのにミシンなどと同様に街頭に並べるなどとんでもない、というのである。しかし私は考えた。楽器は高級品であるという誇りはいつまでもほしいけれど、使う人はより多くの一般大衆であってほしい。私はこんな願いを街宣にこめていたのである。

結果はやはり上乗であった……買物かごをさげて子供をおぶった主婦の方が立ちどまって、背中の子供のために一生懸命、説明を聞いている、幼児の手をひいたおばあさんが、片手にはねぎやだいこんのはいったかごをぶらさげて、下駄ばきのままで孫に一生懸命、オルガンにさわらせている姿とか、まったく今までの私どものお客さまとは質の変わった方が次々と立ち寄っていく……文部省で、せっかく教育課程として器楽演奏をとり入れても、やはり家庭に楽器がなくてはその効果はあがらない。この、ねぎやだいこんをもったおばあさんのお孫さんにも、ぜひオルガンぐらいは買えるようにしてやろう。

こうして潜在需要を掘り起こしていく、いわば泥臭い方法は、カワイならではのものであった。実際、当時の日本社会で、このやり方は奏功した。当時の一般家庭にとって、一種のぜいたく品であった楽器を入手しやすいようにと、カワイが打ち出したのが、予約販売制である。

月掛予約制度

カワイは、それまでの月賦払いに加え、毎月一定額を積み立てて購入資金とする前払い式の「月掛予約制度」販売を開始したのである。まだ銀行ローンや分割払いが一般的ではなかった当時、毎月オルガンならば五〇〇円、ピアノならば二〇〇〇円、積み立てて前払いすれば、数年後には定価から割り引いた値段で楽器を手に入れることができるというシステムだった。当初、オルガンは正価二万六〇〇〇円が、この制度ならば二万一〇〇〇円で、ピアノは二〇万円のものが、一五万二〇〇〇円で購入できた。

この制度は楽器会社にとってもメリットが大きかった。需要予測がよりしやすくなり、前払い方式で集まった資金を運用することができるようになったからである。この方式は、昭和三〇年代後半から四〇年代にかけて盛んに行われた。

当時、ヤマハは小売店に対して「カワイの商品を売るならば今後、出荷を停止する」と販売ルートを封じていたため、カワイは一九五九（昭和三四）年から直営店舗を開設して営業をスタートさせたが、そこで、セールスマンの強力な武器となったのが、この月掛予約制度だった。

この制度は、カワイが独自に作ったわけではなく、日本のミシン会社が行っていた販売手法を忠実に学ぶことによって作り上げたものだった。カワイはミシン会社の人材を積極的に雇って彼らからその手法を学び、それを楽器販売に応用したのである。[*10]

ヤマハの参戦

ヤマハは当初、予約販売に消極的だった。ヤマハは、ピアノなどの高価な楽器は店舗販売が主体であるべきだと考え、訪問販売が主体となる予約販売に違和感を抱いていた。

しかし、カワイが予約販売によって急速に業績を伸ばすのを見て、一九六二（昭和三七）年、マーケティング戦略を変更し、「対K（対河合楽器）戦略」の一環として、予約販売を開始した。[*11]

オルガンの購入者

一九六一（昭和三六）年頃のオルガン販売の状況が、カワイのセールスマン向けの冊子『SALES

NOTES』の「需要の動向」という記事から分かる。それによれば、オルガン製造会社は戦後急激に増加し、一時は三十数社を数えるに至ったが、弱小メーカーはその後淘汰され、この時点では、ヤマハとカワイの二大メーカーが九五パーセントを占めるという状態になっていた。[*12]

オルガンの需要は、まず、学校用で高まったが、一般の需要が一九五九（昭和三四）年から高まりを見せ、翌年には完全に学校需要を上回った。当時、すでに八割以上が電動式オルガンに変わっていたという。すでに足踏み式オルガンの納入は学校に限られるようになっていた。配線などの都合で、電動式オルガンの導入が困難な学校もあったからである。

その理由をカワイは以下のように分析している。まず、経済成長により、一般家庭に消費の余裕が生じたこと。そして、オルガンの場合は、昭和三六年から教育指導要領が改正（全面実施）され、小学校から器楽が正科に採用されたことが、直接に「爆発的な需要を引き起こした」としている。さらに、メーカーがさまざまな方法で積極的に需要を開発してきたことを挙げている。

ここで興味深いのは、当時のオルガン購入客の分析である。それによると、購入客の年齢は三二歳から四〇歳が約半数を占め、職業別では会社員、公務員、教職員、いわゆるサラリーマンが六割。実際の使用者は五歳から一三歳の女児が八割を占めているという。つまり、当時、オルガンを購入する層は、中堅サラリーマンで幼稚園から小学校に通う女児がいる家庭が多い、ということであり、実際、カワイが需要予測をする際には年収三〇万円以上、女児がいる家庭を基準に計算していた。

カワイ対ヤマハ

このカワイのセールスマン用冊子は、筆者がたまたま入手したものだが、Ａ４サイズ、一九〇頁というかなり大部なもので、カワイの沿革や、ピアノ、オルガン、ハーモニカについて、その楽器の歴史や特長などがまとめられている。注目されるのは、すべての楽器のモデルについて、「他社製品」つまりヤマハの製品との比較が掲載されていることである。また、巻末に付けられた「ロールプレイング基礎編」では、セールスの際のさまざまな状況が想定された問答集になっているが、ここでも、ヤマハを念頭に置いた作戦がずらりと並べられている。「他社の製品をけなすな。その上で河合の長所を客に植付けろ」という注意も書かれている。

ロールプレイングの最初の項「締め出しや言い逃れに対するロールプレイング」は次のように始まる。*13

〔客〕「いりませんよ。」

〔セールス〕「実は私どもが、ピアノ、オルガンをおすすめにあがりますと、最初はよくそのようにおっしゃられますが、特に〔昭和〕三六年度からの文部省の「教育指導要領」が変わりましたことをお話しいたしますと、すぐにも品物を持ってこいとおっしゃってくださる方もございます。……その指導要領と申しますのは、小学校一年生から楽しく演奏する態度や、リズム楽器の基礎技術を身につけて他の教科の成績向上をはかる。……ということでございます。

このご近所の○○様、××様のお宅でも「河合のオルガン」を御愛用いただいておりますが、どちら様のお子様も音楽はもちろんのこと、他の教科の成績も向上いたしまして大変親ご様はお喜びになっておられました。……最近発行されました「河合ニュース」ですがごらんになってください。」（客の程度によりカタログ指導要領要約を贈呈する。）

この想定問答から見ても、カワイがセールスに当たって、いかに、文部省の新しい教育指導要領を前面に押し出していたかがうかがえる。

また、この冊子には、「河合製品と他会社製品の性能比較表」という表が付けられている。他会社製品とは、もちろんヤマハのことである。

たとえば、ピアノについて言えば、カワイは「落ち着いた音、やわらかく優美な音」で「専門家向け」であるのに対し、ヤマハは「明るい、軽くキンキンした音」で「一般家庭向き」であり、カワイは「製造工程に無理がない」のに対して、ヤマハは「大量生産的欠点」、「コスト減のための材料軽減」など、列挙されている。*14

この時期、ヤマハは次章で見るように、オートメーション化による大量生産の道をひた走っていた。カワイはそれに少し遅れてオートメーション化の道を進むが、この時点では、自分たちは「製造工程に無理がない」ということをアピールしていた。

二　海外進出開始

ヤマハ、シカゴの見本市に初出品

ヤマハは戦前から積極的に楽器の輸出を行っていたが、戦後、輸出が再開しても、輸出先は東南アジアが主で、アメリカ市場では取引業者から相手にもされない状態が続いた。

一九五七（昭和三二）年、ヤマハはシカゴで開かれたミュージック・コンベンションに、初めてピアノ二台（スピネット型）とオルガン三台、ギターその他を出品した。コンベンションに立ち会ったヤマハの社員はただ一人、笠原光雄だった。当時、アメリカにヤマハの支店はなく、笠原が一一か月に及ぶアメリカ、カナダから中南米諸国での市場調査の途中で、シカゴに立ち寄ったのである。笠原は静岡県榛原町出身で、戦後、東京外国語大学英米科を経て、東京大学法学部を卒業した。一九五二（昭和二七）年、就職するに当たり、東大の南原繁学長の「国破れて山河あり。諸君は故郷に帰って日本再建に現場に出て心身を尽くして努めなさい」という言葉を心にとめ、東京ではなく、浜松のヤマハに入社したのである。*15

ミュージック・コンベンションで、ヤマハピアノを見る目は冷たかった。「スタイルがウーリッツァーに似ている」「アクションもアメリカのアクションメーカーのまねだ」「日本人がこのアメリカ市場にピアノを売ろうなんて、おこがましい」と笠原は言われた。

コンベンションの雑誌にさえ「世界でもっとも長い社名を持つピアノメーカーが、今年初めてピアノのサンプルを出品した。それはＮＩＰＰＯＮ　ＧＡＫＫＩ　ＳＥＩＺＯ　ＫＡＢＵＳＨＩＫＩ　ＫＡＩＳＨＡのヤマハピアノである。世界中で一番難しい名前を競うコンクールでは優勝するだろう。メーカー名とピアノマークが異なるのもきわめて珍しい」とヤマハを皮肉った記事が掲載された。そして、ヤマハのピアノに対して「物まね上手な日本人が作った安物ピアノは、きっと一年以内にネジがゆるんでばらばらになってしまうだろう」とも言われた。

会期中、ヤマハピアノの陳列室に連れてこられたスタインウェイの盲目の老調律師がいた。彼はヤマハを試弾して、音質、タッチ、アクションが良いのに驚いた。「どこのピアノか当ててごらんなさい」との質問に対して、調律師は答えた。「スタインウェイかボールドウィンかのほかはこれだけの音のピアノはアメリカにはない。きっとヨーロッパのピアノだろう。ベックスタイン（ベシュタイン《ママ》のアメリカ読み）かベーゼンドルファーか、それともイギリスのナイトか」と名前を挙げた。ヤマハの名前はついに彼の口からは出なかったが、笠原は涙が出るほどうれしかった。ヤマハ製であることを告げられると、調律師はたいへん驚き、「日本にピアノができることも知らなかったし、こんなに音色のよい良心的なピアノが作られているとは信じがたいくらいだ。アメリカのピアノもヨーロッパのピアノも、人件費や材料費の上昇で年々品質が悪くなっていくのを嘆かわしく思っていた。日本に品質を中心としたピアノメーカーが残っているのを初めて知り、ピアノ技術者として心から喜びを感ずる。日本に帰ったら社長や工場の方々によろしく伝えていただきたい」とていねいな賛辞を述べた。笠原は、おそらく、アメリカでヤマハを公正に評価してくれた最初の人だったろうと述懐している。[*16]

この一九五七（昭和三二）年、ヤマハのピアノ輸出台数は四七七台。うち、アメリカ向け輸出はわずかに二二台に過ぎなかった。社内で検討した結果、輸入代理店に依存することを避けて、駐在事務所ないし現地法人を設立して、販路を確保すべきとの結論が出された。では、どこに海外の事務所あるいは現地法人を設置すべきなのだろうか？

ヤマハ、メキシコに現地法人を作る

一九五八（昭和三三）年、戦後初の海外現地法人として、ヤマハ・デ・メヒコ（メキシコ）が資本金一六万ドル（五七六〇万円）、ヤマハが全額出資して設立された。なぜ、メキシコに作られたかといえば、たまたま社長の川上源一がアメリカ旅行でメキシコに滞在中、輸入税率改正があり、「オートバイは一五〇キログラム以下のものは完成車輸入を禁止する」ということになったので、それを逆手にとって、完成車を分解した形で持ちこんでメキシコで組み立てることにして、オートバイとピアノをメキシコに販売するための会社を作ることになったからだった。

責任者に指名されたのは笠原光雄である。ヤマハ・デ・メヒコを作るに当たり、通産省と大蔵省に海外現地法人の申請を行ったが、ヤマハ本体の資本が三億円の時に、資本金一六万ドル（五七六〇万円）でメキシコに現地法人を立ち上げるということで、なかなか許可が下りなかった。当時の日本はまだ弱体で、輸出不振のため外貨事情の悪い時期であったため、資本の海外逃避とさえ怪しまれた。

メキシコに赴任するに当たって笠原は社長の川上源一から「メキシコの土になれ。日本に帰ることは考

笠原光雄　1958年メキシコ出発時、左は川上源一
『メキシコの土になれ』

えるな。子孫代々墓はメキシコに作れ」と言われた。その気になった笠原は、毎日朝七時半から夜七時まで仕事に励んだ。[*17] 朝は一番早く出勤してだれよりも早く店の扉を開け掃除をする。夜は最後まで残って事務処理を済ませ、翌日の仕事を考え、将来の計画を立てる。当時のヤマハの常務だった窪野によれば、「ミスター・カサハラには日曜はないとか、あれは一日に一二時間労働をしているということを従業員みんながいうくらい」笠原は働き、「汗と努力で〔従業員に〕頭を下げさせてしまった」のだった。[*18]

現地では日本製品への抵抗は根強かったが、当時はメキシコの国産ピアノはなかったので、輸入品同士の競争になった。しかし、しだいにヤマハピアノの実力が認められ、二年後にはアメリカのウーリッツァーと並んで、メキシコで一番よく売れているブランドにまで成長した。市場シェアもピアノ、オルガン、オートバイ共に、それぞれ三五パーセントに達した。

このヤマハ・デ・メヒコの成功は、ヤマハが輸出網を拡大していく上で、大きな自信となった。

ヤマハのアメリカ進出

一九五八（昭和三三）年秋、アメリカのピアノの輸入税が四三パーセントから一七パーセントに引き下げられた。日本のメーカーはこれによって一気に競争力が高まり、ヤマハやカワイなど、各メーカーが対米輸出に向けて動き出した。

一九六〇（昭和三五）年六月、ヤマハはロサンゼルス市に資本金一二万ドルのヤマハ・インターナショナル・コーポレーションを設立した。

アメリカでも、メキシコ同様、その市場開拓は困難を極めた。ヤマハ・デ・メヒコを軌道に乗せたのち、アメリカへの転勤を命じられた笠原は、後ろ髪を引かれる思いで泣く泣くアメリカに移ったが、赴任してみると、問題が山積していた。オートバイは代理店経由のため、クレーム対策が後手に回り、ピアノはピアノで、乾燥のためにメキシコ同様、響板と側板などにひび割れが大量に発生するため返品が多く、売り上げがゼロに近くなる状況だった。現地の東京銀行に新たな借入金を断られ、日本の本社からの保証もなぜか断られ、製品の輸入もできなくなった。笠原は自分の給料を数か月自ら返上して辛抱し、加州住友銀行ロサンゼルス支店からつなぎ融資をしてもらい、倒産の危機を乗り切った。その後、販売の方法を従来の代理店制度から特約店制度の方式に切り替え、すべて全国統一価格で販売店に直接販売するというシステムに改めた。そして、ロサンゼルスやニューヨークなどの主要地区にピアノ、その他の十分な在庫を持ち、販売店から要求があれば、ただちに出荷できる体制を整えた。

日本とアメリカの湿度の差によって引き起こされる、響板のひび割れや楽器のそり、チューニングピンがゆるんで音程が狂う、などのクレームに対しては、アフターケアを徹底し、原因を究明した結果、日本の工場で「乾地向け仕様」のラインを別に作って対応することになり、それによって品質は安定した。

当時、ヤマハがアメリカでまったく無名であったことは、『ピアノ・トレード・マガジン』に掲載された広告からもわかる。一九六〇年の広告にはＹＡＭＡＨＡの後に「ＹＡ・ＭＡ・ＨＡと発音される」とただし書きがつけられている。これが、一九六三年の広告になると「数年前、人々は『Ｙａｍａ―ｗｈｏ？ヤマ・フー（誰）？』と言った。現在では、彼らは『ピアノなら、ヤマハだね！』と言う」というキャッチフレーズに変わっている。

人種的偏見の強いアメリカではあったが、小、中学校、あるいは音楽大学への納入に当たる教育委員会の入札制度は公正な評価の下で行われることで定評があった。

一九六二（昭和三七）年、ロサンゼルス市教育委員会はグランドピアノ五三台の入札を実施した。この入札は単に価格を競うのではなく、委員会が指定する音楽家が出席してピアノを弾き比べ、規格や条件に合った製品を選ぶもので、その厳しさは有名だった。ボールドウィン、ウーリッツアー、キンボール、メーソン・アンド・ハムリンなどのメーカーと並んで、入札に参加したヤマハはグランドピアノ五三台をすべて落札した。

これにはアメリカ国内のメーカーを始めとして、多くの関係者から非難がわき起こった。市教育委員会は「ロサンゼルス市としては、一定の予算の中で一番よいと思われるものを選択するのが納税者に対する義務です」と声明を出した。ここからヤマハは七年連続して、ロサンゼルス市の教育委員会に納入した。

その後、ヒルトン、シェラトンなどの有名ホテルへの納入にも成功し、ヤマハピアノはアメリカ市場に浸透していった。

海外でのヤマハピアノの広告（ヤ・マ・ハと発音される、と書かれている）
Piano Trade Magazine 1960年6月号

カワイの海外進出

一方、カワイは一九五九（昭和三四）年二月には小型電気オルガン（コードオルガン）の大量長期輸出契約に成功し、アメリカへの本格的な輸出を検討するようになった。

社長の河合滋はこの年の三月、初めてアメリカ、南アメリカ、カナダなどの市場調査に出かけた。そのときのことを滋はのちに次のように語っている。[*19]

世界一を誇るアメリカのピアノ生産もかならず問題がおこるだろう、もちろんヨーロッパのメーカーは弱小であり、商品としての質と量と原価においてはもはや敵ではない、これからは国際分業的見地に立ってみても、日本が世界のピアノ生産国にならざるをえないだろうと判断しまして、私は帰国後ただちに舞阪工場の建設を計画し、これを実行に踏み切ったのであります。

当時、カワイが世界一のピアノ工場となる舞阪工場を建てたのは、滋のアメリカ視察がきっかけであった。

一九六三（昭和三八年）五月、ロサンゼルスに「カワイ・アメリカコーポレーション」を設立し、アメリカ市場進出の足場を築いた。カワイもヤマハと同じく、当初、アメリカと日本の気候の違いから木材に狂いが生じ、品質にクレームが相次いだ。このため、一時は現地責任者から、一時的な撤収が提議されたほどだった。しかし、カワイは、生産現場にアメリカと同じ気象条件を人工的に作りだすことによって問題の解決を図った。その結果、一九六五（昭和四〇）年頃から品質は安定し、販売実績も伸びていった。

カワイピアノは、ロサンゼルス市教育委員会が一九六七（昭和四二）年八月に行った入札ののち、グランドピアノ二五台を納入することに決まった。カワイの社報『河合』の「業界通信」には、これについて、「入札では、日本の二大メーカー、米国内六社、その他外国メーカーが入札にあたり、グランドピアノではカワイが二番手となったが、品質の優れている点で落札と決定、アップライトピアノではボールドウィン社が落札となった」と書かれている。[*20]

つまり、ロサンゼルス市教育委員会のグランドピアノ選定では、それまで連続して受注していたヤマハが、ここでカワイにその座を奪われたわけである。同じ記事で、カワイはこのほかサクラメントの州調達局の入札でも落札し、ほかにも全米各州大学、州立大など三十余台を納めている、と述べられている。

ヤマハとカワイはアメリカ市場でも火花を散らしていたのである。

とはいえ、ヤマハの現地法人のトップであった笠原は「ヤマハにとっても河合が正しい宣伝にて、正しくアメリカに販売することはプラスです。日本商品の価値をそれだけあげるものです」と述べ、ことあるごとにカワイの現地法人代表の河合重雄と話し合い、協力してアメリカ市場を築いていく努力をしていた。[*21]

カワイはアメリカ最大のメーカー、ボールドウィン社と一九六五（昭和四〇）年一二月にグランドピアノのOEM（相手先商標製品）生産の契約を結び、ボールドウィン社専用モデルが生産されるようになった。こののち、カナダ、ヨーロッパ、ニュージーランド、オーストラリア、東南アジアと海外市場にカワイは進出し、大きく成長した。

当時のアメリカ市場

一九六二（昭和三七）年当時、アメリカのピアノ保有台数は九〇〇万台、普及率二二パーセント、生産二〇万台、自然減少毎年一〇万台と見積もられていた。[*22] 日本の同時期（一九六二年）のピアノ保有台数二八万台に比べれば、桁違いのスケールであったが、アメリカのピアノ産業は斜陽化していた。その原因は、自動車、テレビ、ステレオ、ボーリング、ゴルフ、ハンティング、ボート、シネカメラ、電子オルガンなどの新しい娯楽にピアノの市場を奪われてしまったからだとされた。これに対してピアノメーカーも販売店も、ピアノ需要の創造、ピアノ自体の改善等打つべき手を何も打っていなかった。

ヤマハやカワイなど、日本のメーカーは対米輸出を拡大し、一九六三（昭和三八）年には一三一六台、一九六五（昭和四〇）年には二七九四台と実績を伸ばしていった。

欧米の楽器メーカーと日本

一九六三年、ヤマハの常務、窪野忍は製造部長と輸出部長を帯同して、二か月にわたって欧米各国の市場を視察した。一行はロサンゼルスでロス支店長の笠原と合流し、メキシコ、ニューヨーク、ロンドン、パリ、ハンブルク、ミラノ、ローマ、シンガポール、香港の順で市場調査を行った。この視察は大きな反響を呼び、帰国後、窪野はさまざまなメディアでその経験を語った。

社長の川上源一が初の欧米視察を行ってから、ちょうど一〇年が経っていた。その間、日本の楽器産業は急成長を遂げていた。この時期、すでにアメリカでは、日本製ピアノの急激な輸入増加が問題視されていた。今回の窪野の視察は特に、ヨーロッパ市場の開拓にあった。ヤマハは当時、すでにイタリア、スペイン、フランス、ドイツ、ベルギー、オランダ、イギリス、スウェーデン、ノルウェー、フィンランド、ギリシャの一一か国にそれぞれ代理店をもち、ピアノやエレクトーンなどの輸出を行っていた。

しかし、一九六二（昭和三七）年度のヤマハのＥＣ（現在のＥＵの前身に当たる欧州共同体）に対する輸出実績はピアノ六五台、オルガン三一四台、エレクトーン一〇〇台で、まだまだ少なく、ヤマハはハンブルクにヨーロッパ支店を開設し、輸出を増やそうと考えていた。[*23] この時期エレクトーンがピアノより多く欧州に輸出されていたことが注目される。ヨーロッパでは電子オルガンがまだ普及していなかったので、参入の余地があったのである。

視察から帰国したのち、窪野は、ヤマハのピアノは質的にも量的にも世界一になったと胸を張って述べている。ここで注目されるのが、ドイツの名門アクション会社、レンナー社に増産を依頼して断られた話である。

レンナー社といえば、川上源一が一九五三(昭和二八)年初の欧米視察で、レンナー社の自動化された工場に刺激を受けて、帰国後、大量生産の道をめざしたことは前章で述べた。それからヤマハは旺盛な国内需要をバックにピアノやオルガンの大量生産に踏み切り、急成長を続けていた。

窪野はドイツのスタインウェイ(ハンブルク)にしても、ベヒシュタインにしても、フランスのガヴォーにしても、中小企業の域を脱していない。レンナーも中小企業の域を脱しきれておらず、増産の意欲がないと述べる。

窪野はレンナー社にアクションを月一〇〇〇台分、注文する予定だった。ヤマハは当時、月産六〇〇〇台作っていたが、もう一〇〇〇台増産しなければならないと考えていたので、そのアクションをレンナー社で引き受けてくれればと思ったのである。しかし、答えは「ありがたいけれど、やりたくてもできない」ということだった。「工場は小さいし、もっと拡充せよといって外へ出ていくとしたら、どうしても資金問題にぶつかる。うちは自分ともう一軒の協力者と二軒でもっている。だから、増資するといっても、金を二軒で出さなければならない。金を借りるといったって、一割も金利を払ったのではソロバンに合わない。だから今はこの状態で一番いいのだ」と。[*24]

窪野は、ピアノはヨーロッパでできたものだが、それはクラフトマン・シップによる完成であった。それを今度は工場生産に流して、徐々にレベルアップしていって、ばらつきのない良いものができるようになってきた。いわゆる本来の意味のマスプロダクションの形態を整え得たのは、日本とアメリカだろうと思う、と語っている。

また、窪野は、アメリカのメーカーは楽器の潜在需要を掘り起こすような考え方を持っていない、用途開発をやろうという意欲がないと語る。そして、アメリカでもそれぞれ売るための手立ては講じているが、アメリカでは「われわれが文部省に依存したようなそういうシステマティックな権力を背景に置くというようなことはやらない」と述べている。[*25]

文部省との二人三脚

楽器メーカーが「文部省に依存して」「システマティックな権力を背景に」需要を創出したということは、本書でもすでに述べてきたが、この窪野の発言ほどあからさまに認めている例は珍しい。

このとき、窪野は口をすべらせたわけではない。彼は実際、日本の音楽の学習指導要領を「広める」ことを欧米視察の一つの目的としていた。[*26]視察出発前のインタビューで、窪野は次のように述べた。[*27]

文部省で実施している音楽指導要領は世界的トップレベルにあることは自他ともに認められているが、といって一朝にしてこの成果を得たものではない。これは教育にたずさわる人びとはもとよりメーカーも販売業者も渾然一体となって多くの実績を積みあげて結実したものである。この経緯を各国の関係人にくわしく説明し、紹介して世界的に手をつなぐ仕事を起こしたい。いわば指導要領の輸出といった形のものである。

このように抱負を語っていたが、結局、この学習指導要領に関して興味を示したのは、メキシコ文部次官とマレー連邦の文化大臣だけだった。両国から、自国の音楽教育に役立たせたいと窪野は英訳を依頼され、早速、文部省に許可を得に行ったと帰国後に話している。[*28]

また、窪野はアメリカ視察中、ニューヨークタイムズの学芸部記者に楽器ブームの原因、音楽教育のあり方、将来の楽器の普及率などについて、インタビューを受けた。

ヤマハ音楽教室の輸出

ヤマハは楽器を海外に売っただけでなく、音楽教室も輸出した。一九六四（昭和三九）年六月には、海外での最初のヤマハ音楽教室が、海外モデル教室として、アメリカのロサンゼルス近郊のポモナ市でスタートしている。生徒は六〇人。運営指導にはヤマハ・インターナショナルが当たった。

月一〇ドルという月謝の安さもあって、全米のヤマハ特約店が教室開設を要望し、一年後には全米に一〇〇か所、生徒数三〇〇〇人に急増した。この音楽教室に対するアメリカのメーカーの反発は強かったが、一九六六（昭和四一）年には、タイ、カナダ、メキシコにヤマハ音楽教室が開設され、年を追って、ヨーロッパ、東南アジア、オーストラリア、南アフリカ、と世界に広がっていった。それに合わせて海外版のテキストや指導法、カリキュラムの研究・改良が行われていった。

三　量産体制の確立

ピアノ大国日本へ

一九五八年（昭和三三）年度、日本のピアノ生産台数は二万一三六二台だったが、五年後の一九六三（昭和三八）年度には一〇万九六九九台、と一〇万台を突破し、さらに、一九六八（昭和四三）年度にはついに二一万五七八一台に達した。一〇年間でおよそ一〇倍に増えたのである。その後も、日本のピアノ生産は着実に伸び、一九六九（昭和四四）年、生産台数は二五万七一五九台に達し、世界最大のピアノ生産国となった。

それと共に、ピアノの普及率も確実に上昇し、一九六六（昭和四一）年には四・二パーセントであったものが、一九七四（昭和四九）年には一〇・二パーセントに達し、初めて一割を超えた。[*29]国内、輸出とも順調な伸展を見せている背景には、音楽教室が軌道に乗ったことと、大手楽器メーカーによる生産合理化が進んだことがあった。

木材乾燥システム

ヤマハは一九五六（昭和三一）年五月、国内初のオートメーション木材乾燥システムを天竜工場に完成させた。ヤマハはドイツの木材乾燥室を購入し、アメリカのオートメーション技術を導入したのである。ピアノ製造の肝所《かんどころ》の一つは、原材料となる木材の乾燥、シーズニングである。それまでは、運び込まれた木材をいったん貯木池に入れた後、製材された板材を積み上げて数か月から数年かけて自然乾燥させ、その後、人工乾燥室に入れて、さらに乾燥を進めたが、新しい設備ではこれまでの乾燥が半日から四日ほどで完了し、すぐに加工できるため、効率が上がった。

ただし、これはアップライトを中心とした一般向けのピアノを大量生産するためには良いが、コンサートグランドピアノなど、グレードの高いピアノを作る場合には適していなかった。木材を急速に乾燥させると繊維組織劣化が避けられず、ピアノの響きに影響するのである。欧米の一流メーカーは自然乾燥にこだわっていた。

アラスカ産シトカスプルース輸入

一九五六（昭和三一）年七月、ヤマハはピアノの響板材としてアラスカ産シトカスプルースを使用することを決定した。響板はピアノの要《かなめ》になる重要なパーツで、戦前から戦後にかけて、日本では主に北海道のエゾマツが使われていた。ところが、エゾマツは戦後、資源量が減少し、伐採量も急激に落ち込み始めた。源一は「ピアノの生命ともいうべきエゾ松――北海道の一番山奥にしかない――が、大部分風で倒れてしまった。このまま経過すると、いつか、ピアノがつくれない時期がくる。だから、まだ風倒木《ふうとうぼく》を出し切らぬうちに、技術部長にスプルースを使うことを研究させ、その仕入れのためにアラスカに行かせて、一年分の材料をまとめて買いつけた」と述べている。[*30]

このようなエゾマツ資源の減少の中で、一九六一（昭和三六）年に木材輸入が自由化されたが、それ以前からヤマハはスプルースをアラスカで買い付け、使っていたわけである。エゾマツ資源の減少が深刻な問題であったことがわかる。木材輸入自由化後は供給の安定性という点からピアノ製造はシトカスプルースが主流になった。ヤマハやカワイの大量生産を支えたのは、輸入シトカスプルースだったのである。高級品では、エゾマツやヨーロッパ産の材料も使われていた。[*31]

世界一のピアノ工場

ヤマハはさらに、世界初の完全オートメーション化によるピアノ工場建設をめざして、一九六三（昭和三八）年夏、浜松市の西山工場を稼働させた。次いで、一九六五（昭和四〇）年には、やはりアップライトピアノ専門の掛川工場、翌年にはフレームの鋳造を中心に行う磐田工場を作り、これら三工場によって年間一〇万台という大量生産を実現する。

一方、カワイは一九五七（昭和三二）年、新居《あらい》工場の完成を機に増産体制を敷き、一九六一（昭和三六）年一月には、ピアノ専門工場として、舞阪工場が完全稼働し始めた。舞阪工場は、一九六四（昭和三九）年八月にはグランドピアノ専門工場を敷地内に新設した。その後、一九八〇（昭和五五）年、竜洋工場が完成したのちは、舞阪工場がアップライト専門工場として稼働した。

もともと楽器は工房型生産、家内工業型生産のスタイルで一台一台手作りされることが多く、ピアノも例外ではない。ヨーロッパは伝統的にその形でずっと来た。それを変えたのが、第一章で見たように、アメリカのチッカリングであったが、その路線をさらに推し進め、極限まで到達したのが、ヤマハとカワイであった。とはいえ、どれほど自動化を進めても、楽器の性質上、依然として繊細な熟練労働は必要不可欠である。部品点数に占める木質系部品の比率が大きく、木質系素材に特有の熟練加工技能が必要だからである。たとえば、グランドピアノの部品約八〇〇〇点のうち、木質系部品はアクションや鍵盤などのメカニック関係で二〇〜二五パーセント、脚などの本体関係で約三〇パーセント、アップライトピアノでは部品約四〇〇〇点のうち、約二二パーセントが木質系部品である。

木質系素材は、産地により材木の性質が違うなど均一性がなく、取り扱いには高度な知識と経験が必要となる。特に、素材の事前処理（シーズニング）とアクションが重要である。また、部品製造工程や加工組み立て工程にそれぞれ特殊な専用機器と特殊な工具、治具が必要とされ、これらの製造やメンテナンスには高度な技術を持つ工作機メーカーが必要である。もともと、浜松には木質素材と金属の組み合わせであった織機の生産に必要な工作機メーカーが存在していたことが、ピアノ製造機械の開発・製作を可能にした。

ヤマハの場合は、本社工場において、ピアノ技術スタッフにより、アクション部品製造の自動化を始め、さまざまな専用機の研究開発が行われていたが、カワイの場合、工程の合理化ができたのはこうした織機工作機メーカーの存在が大きかったと思われる。

昭和三〇年代、カワイで生産工程の合理化に取り組んだ鈴木勲の証言によれば、職人の工具の名称統一から始めて、共通工具・治具の使用、伝統的な手作業から汎用機械、専用機械による機械化・自動化、コンベアシステムの導入などの合理化過程で、従来のやり方に固執する職人から刃物を持って追いかけられたこともあったという。*32

四　コンサートグランドピアノの新たな開発

スタインウェイの輸入再開

一九五二（昭和二七）年九月三〇日、東京の日比谷公会堂で新しいスタインウェイのコンサートグランドピアノの弾き初めが、著名なピアニスト、アルフレッド・コルトーによって行われた。日本はこの年の四月二八日に対日講和条約が発効し、晴れて独立国となった。外国為替に関する規制も緩和されたことで、ようやく外国製のピアノが輸入できるようになったのである。

このとき、日比谷公会堂に新しい外国製ピアノを求める陳情の署名運動が起こり、それを受けて、公会堂を管理する東京都は、三六四万円で、日本総代理店の松尾商会を通じて購入したのである。当時、三六四万円といえば、都内に立派な一戸建てが買えるほどで、ヤマハのFCの二倍以上の値段だったが、スタインウェイは、その圧倒的な品質とブランド力によって、その後も日本の主要なホールや放送局に続々と納入されていった。

コンサートグランドピアノは、各ピアノメーカーが持てる技術を結集して作り上げるシンボル商品である。ヤマハもカワイも世界で一流メーカーとして認められるためには、すぐれたフルコンサートブランドを開発する必要があった。

ヤマハCF

一九六二（昭和三七）年、ヤマハは新しいコンサートグランドの開発に乗り出した。プロジェクトの中心になったのは、のちにピアノ担当取締役となる工場長の松山乾次であった。松山は一九一一（明治四四）年に浜松に生まれ、一九二三（大正一二）年、一二歳で「日本楽器徒弟養成所」に見習い生として入社し、以来、ピアノ一筋に生きてきた技術者だった。ピアノ部長だった山葉直吉の薫陶を受け、ヴィリー・エールシュレーゲル在任中は、直接指導を受けた。松山はその後、調律師として東京、大阪、神戸の支店に勤務したが、一九五三（昭和二八）年、社長の川上源一によって浜松に呼び戻され、ピアノ課長に就任した。

新しいコンサートグランドを開発するに当たって、松山率いるプロジェクトチームがめざしたのは「スタインウェイを超えるピアノ」だった。試行錯誤を繰り返して三年が経った頃、イタリアの名ピアニスト、アルトゥール・ベネディッティ・ミケランジェリ（一九二〇～一九九五）が初来日した。一九六五（昭和四〇）年三月のことである。これが結果的に、新しいコンサートグランドを誕生させるきっかけになったのである。

ミケランジェリは神経質で、完璧主義者として知られ、コンサートのキャンセルを頻発することでも有名だった。ミケランジェリは日本に愛用のスタインウェイのコンサートグランドピアノを空輸し、専属調律師、チェーザレ・アウグスト・タローネをイタリアから伴ってくるという。チケットはあっという間に売り切れ、日本のクラシックファンは、来日を待ちわびていた。

世界的なコンサートチューナー（コンサート専門の調律師）として有名な村上輝久は、当時、ヤマハの東京支店のピアノ売場主任で、プレイガイドに長時間並んで、チケットを手に入れた。主催者からの依頼で、東京支店はミケランジェリの宿泊先である帝国ホテルの居室にアップライトピアノを貸し出すことになり、U７型を選び、搬入した。村上としてはピアノの評価を聞きたかったが、主催者側の「ありがとうございます。本人はとても満足しています」というコメントで終わってしまった。[*33]

さて、いよいよ三月八日の初公演でミケランジェリを聴いた村上は強烈な衝撃を受けた。スカルラッティのソナタが流れ出したとたん、村上は身体がふるえた。今まで聴いたことのないピアノの音色、強いて言うと、チェンバロの雰囲気を備えた現代ピアノ、まさにイタリアンバロックだった。プログラムが進んで最後のベートーヴェンのソナタ第三二番になると、スカルラッティとはまったく違う、多様な音色、消えゆくような、それでいて明るいピアニッシモに陶酔した。

なぜ、こんな音色が出るのだろう、この秘密を知るには、調律師に接触するしかないと、終演後、ステージ裏まで行ったが、会うことはできなかった。

翌日、銀座店で川上源一を見つけた村上は、若さにまかせて、

「社長！　ヤマハピアノはまだまだ研究の余地がいっぱいあります」と昨晩のコンサートの話をした。すると、源一は意外にあっさり「そうか、私も聴きに行く」と言った。チケットを手配するのが大変だったが、三月一一日の切符をなんとか入手した。

その後、源一からは一言の感想もなかったが、それから一か月後、村上に転勤の辞令が下りる。行先は、浜松の本社ピアノ工場だった。

実は、村上と同じ日のミケランジェリの演奏会を、ヤマハのピアノ研究課長だった田口範三も尾島徳一を伴ってわざわざ浜松から上京し、聴いていた。源一はミケランジェリの演奏会を聴いたのち、技術本部長の桑原融、工場長の松山乾次、そして田口を呼び、ミケランジェリと調律師のタローネに対して、浜松本社でヤマハのピアノを見てもらえないか依頼しにいかせた。*34

ミケランジェリは断ったが、調律師のタローネは興味を示し、離日直前に浜松を訪問した。タローネは近代化された工場設備と、品質改良に真剣に取り組む技術陣の情熱に触れ、コンサートグランドピアノの開発に協力参加することを約束した。村上はそのメンバーに入ったのである。

実はタローネは単なる調律師ではなく、ヨーロッパでその名を知られたピアノ工房「タローネ」の創業

者であり、当主であった。村上によれば、生産はグランドピアノを中心として、月産五〜六台、従業員は六名だった。

チェーザレ・アウグスト・タローネ（一八九五〜一九八二）はベルガモに画家の息子として生まれた。ドイツで修業したのち、一九四〇年頃からピアノ製造を始め、二〇年間の試行錯誤を経て「ピアノフォルテ・ダル・スオノ・イタリアーノ（イタリアンサウンドのピアノ）」を作り、一九六七年にミラノ音楽院で発表した。鋭敏な耳と音楽的感性に恵まれ、楽器の豊富な知識を持っていた彼は、アルフレッド・コルトーやエドウィン・フィッシャー、アルトゥーロ・トスカニーニ、そしてミケランジェリから高く評価されていた。イタリアはピアノを発明したクリストフォリの母国であるにもかかわらず、自国のピアノ製造は低調だった。第二次世界大戦後は、西ドイツに加えて東ドイツやチェコスロバキアから輸入が増えていた。そして、一九六二年頃からは日本のピアノの輸入も始まっていた。[*35] タローネは、かねてからヤマハに関心を持っていたのである。

タローネ自身の述懐によれば、ミケランジェリのために東京の会場で朝から調律をしていたが、そんなときにいつもヤマハの技術者たちが自分の仕事を見ていたという。[*36]

アルトゥール・ベネディッティ・ミケランジェリ
『日本のピアノ100年』

チェーザレ・アウグスト・タローネ
『日本のピアノ100年』

CF開発プロジェクトメンバー
1965年12月、2列目中央タローネ、その右が松山乾次、2列目の左から2人目が村上輝久
『いい音ってなんだろう』

これも日本側の資料にはないのだが、浜松を訪れたタローネは、その場で川上源一から四分の三のグランドピアノの注文を受けた。そのピアノがイタリアから届くと、工場長の松山乾次はこれまで試した中で一番良いと折り紙をつけ、タローネを招聘することが決まったという。確かに、ピアノ調律師としては一流であることがわかっていても、ピアノ製造家としての能力は、タローネの作ったピアノそのものを見なければ分からなかったはずである。

ともあれ、タローネには同年一一月に一か月間だけ浜松に滞在し、指導に当たることとなり、その一か月でコンサートグランドピアノの試作を完成させることになった。若い技術者たちは張り切って、徹夜に次ぐ徹夜で頑張った。入社四年目の影山詔治（のちのピアノ事業本部長）がタローネの言動、製作の進捗状況を、つぶさにレポートとしてまとめ、毎日、関係者に報告する。こうして、技術陣の力を集結し、実際に、わずか一か月で試作品を作り上げた。これも日本側の資料にはないが、タローネによれば、できあがったピアノは「タマキ・ミウラ（日本のソプラノ歌手の草分けで欧米でも活躍した三浦環）」と名付けられたという。

この試作ピアノは商品としての問題点は多かったが、それらをすべて再検討し、捨てるべきところは捨て、取るべきところは取ることによって、ヤマハのコンサートグランドピアノの開発は進んでいった。

さらにタローネは、ピアノが完成した後の整調、調律、整音のテクニックも非常に重要であることをヤマハの技術者たちに教え込んだ。

ちなみに、この翌一九六六（昭和四一）年、村上輝久は社長命令で、ミラノのタローネのもとに向かった。タローネ家に下宿して、工房の仕事を手伝う毎日が始まった。しかし、村上の調律師としての腕はすぐに知られるところとなり、その後、ミケランジェリを始め、スビャトスラフ・リヒテル、ジョルジュ・シフラなどの専属調律師としてヨーロッパで大活躍をするようになる。このあたりの話は、村上の著書『いい音ってなんだろう——あるピアノ調律師、出会いと体験の人生』にくわしいが、痛快である。

ヤマハの新しいフルコンサートグランドに話を戻すと、ピアノ研究課や設計課が協力し、新しい部品を作るために工作機械や治工具も新たに開発。新型ピアノ誕生までに、専用機二〇数機、新型治工具二五〇種が作られた。

響板にはルーマニアのスプルースが選ばれ、弦の振動を響板に伝える駒も、響板の低音部を支える中框《かまち》、支柱の組み合わせや側板にも改良が加えられ、音質は格段に向上した。アクションは〇・〇一ミリの精度で改良され、ハンマーには最も上質な英国製フェルトが使われた。ピアノの支柱の組み方も格子から放射線状に変更し、あわせてフレームも設計変更された。さらに、支柱と側板に新しい結合方式「蟻組み」や、ピアノのフレームと支柱を固定させる新しい試み（コレクター方式）が取り入れられた。

一九六七（昭和四二）年二月、ドイツの楽器見本市「フランクフルト・メッセ」にヤマハは二台の試作ピアノを出品した。これをヨーロッパ在住のピアニスト、藤村祐子が演奏すると、予想以上に大きな反響を呼んだ。

このピアノは「ヤマハ・コンサート・グランドCF」「ヤマハ・コンサーバトリー・グランドC3」と命名され、特に、CFはこの年開かれたフランスの「マントン音楽祭」の公式ピアノに採用され、ヴェルサイユで行われた「シフラ・コンクール」（ジョルジュ・シフラが主催する国際コンクール）でも使用された。このような国際コンクールで日本のピアノが使用されたのは初の快挙だった。また、ＣＦは巨匠スビャトスラフ・リヒテルの愛用ピアノとなり、さらに評価を高めた。

第九章　一九八〇年以降

一　カワイの飛躍

「原器工程」

一九八〇（昭和五五）年、カワイは世界最大規模のグランドピアノ専門工場、竜洋工場を竣工させた。最新技術のもと、月産一〇〇〇台を可能とする生産能力を備え、そこに「原器工程」と呼ばれる部門と研究所が併設された。

この「原器工程」とはカワイの二代目の社長、河合 滋が提唱したものだが、部下たちは当初、それが何を意味するのか理解できなかった。戦後、急速に成長した楽器産業の需要に応えるために、カワイでは機械化と流れ作業化を進め、ピアノの量産体制を整えてきたが、滋は「このままでは本来のピアノ作りの原点が忘れ去られてしまう」と危惧したのである。「原器工程」とはピアノ作りの原点を継承するための部門であった。

竜洋工場の建設に当たって、滋は、「竜洋工場建設委員会」副委員長で、のちに初代のピアノ研究所長となる鈴木幸雄を呼び、次のように話した。「時間にはグリニッジ標準時が、長さにはメートル原器があるだろう。ピアノにもピアノの原器的な工程が必要なんだ。それをこの竜洋工場に作りたい」。そして「自分がカワイに入社した頃の工程は、先代である河合小市が訓練指導した熟練工によって組織された手作り工程だった。その後、自分は近代化を進めたが、今でもあの手作りがピアノ作りの原点的なものだと思っている。それを残したい」と鈴木に「原器工程」を設ける意図を説明した。しかし、鈴木にとって、言葉通りの昔ながらの手作り工程は、当時、「あまりにも気長に過ぎており、想像外」だった。というのも、鈴木はそれまで設計部長として舞阪工場で、ピアノの質的改善と原価管理に取り組んでいた。その半ばで任を解かれて、竜洋工場建設のプロジェクトチームに編入されたことを屈辱に感じ、焦燥を覚えてもいたからである。[*1]

滋社長に計画を立てるように言われたが、出てくる案は、流れ作業そのままの機械設備で、なかなか滋の意図が伝わらない。

試行錯誤を続ける中で、一枚の古い写真が鈴木の目にとまった。それは河合小市がピアノを作っていた寺島の工場の写真であった。職人が手仕事でピアノを仕上げる。心地よい木の香りがして、カンナがけや調律の音が聞こえてくる、そんな写真だった。鈴木の脳裏に、入社した一九四八（昭和二三）年当時のことがよみがえってきた。[*2]

小市はピアノのパーツを国産化するために、工作機械を作るところから始めた。鉄工屋に来てもらって、小市が説明をする。話の中で仕様書ができあがって、それで設計図を作らせる。刃物類にしてもそうだった。戦争ではほとんどの図面が焼けてしまい、戦後はそれを書き直す作業から始まった。その図面をもとにして木型や治具が作られた。小市は時間を忘れて仕事に熱中した。ピアノをめぐる話は何時間でも尽きることはなかった……。

結局、竜洋工場では、「ピアノは本来、一台一台丹念に作りこんでいくもの」というピアノ作りの原点を継承するため、熟練工による昔ながらの手作りでピアノを作る「原器工程」と、その結果を職人の勘で判断するのではなく、検査機器によって数値で検証するための研究所が作られた。専門の研究スタッフが、作られたピアノを最先端の機器を使って解析、評価し、その知見をピアノ作りにフィードバックさせるのである。滋はつねづね、「原器工程」で作られる楽器について、コスト（削減）はもとめず、「最高品質のものをつくり、ブランド力を高めなさい」と言っていた。

こうして、手作りの部分と最新の科学技術を一体化させた工房から、やがて、フルコンサートグランドEX、そして特別モデル「Shigeru Kawai」という名器が生み出されることになった。とはいえ、「原器工程」で作られた記念すべき第一号は残っていない。木材の選定から加工まで厳密なチェックを重ね、約半年をかけて完成させたが、それは使い物にならなかった。解体して作り直し、また、解体して、と何度も解体と組み立てを繰り返したが、結局、納得のゆくものにならず、永久欠番になった。そして、試行錯誤の末、一九八一（昭和五六）年一二月、ようやくエクセレントを意味する「EX」と名付けられたフルコンサートピアノが誕生した。このEXはカワイのフラグシップモデルとなった。

ターニングポイント

カワイのグランドピアノの歴史を変えるきっかけとなったのは、竜洋工場ができる前の一九七九（昭和五四）年に発表されたGS—30という機種だった。このモデルで初めて河合小市の設計から「離別」したのである。それまでは小市が作った五〇〇号の設計を踏襲していた。古くからいる設計者は「小市さんの設計をいじってはいけない」と小市の設計を掟のように守っていた。一九七七（昭和五二）年、創立五〇周年の際、プロジェクトの一環として音楽大学やプロの演奏家にアンケート調査やインタビュー調査を行ったところ、ブリリアントな音、耐久性、ダイナミックレンジの広さを求める声が多かった。小市が設計したピアノはカワイトーンと呼ばれ、声楽家や伴奏者にはとても良い評価が得られていたが、ピアノのソロリサイタルやコンサートグランドとしては物足りない、という声があがった。

そこで、若いスタッフが研究し、設計して生まれたのがGS—30だった。このとき、ピアノ設計室長をしていたのが、先に挙げた鈴木幸雄である。舞阪工場での新しいコンセプトによるピアノができあがる前に、竜洋工場の設立準備を命じられたので、それまでの研究成果が否定されたと誤解し、ショックを受けたのだった。

竜洋工場の「原器工程」には熟練工が呼ばれたが、現場でコンサートグランドピアノを実際に作っている大ベテランの職人たちは呼ばれなかったという。そういうベテランは自分の腕に自信があるので自分なりに直してしまい、設計通りに作らない。それでは困るので、違うところから職人を集めてきていたという。[*3]

竜洋工場建設のプロジェクトに携わった志賀勝（元常務取締役）はこの点に関して、次のようなエピソードを語っている。滋が現場で、ある職人に「こうすれば、こういう良いものができるからやってみたらどうか」と言ったところ、その職人に「できるもんなら社長、あんたがやったらどうだ」と言い返されたという。[*4]

こうした経験をもとに、滋は「原器工程」の概念を温めていったのである。

まず、これを使ったらいいはずだという仮説を立てる。それに基づき、製品化する。測定して音響特性データなどを全部残し、評価をもらう。コンクールで選ばれるなど、良い結果が得られた際は、記録があるので再現することができる。その再現性が重要なのである。

ＥＸモデルは完成後も一台一台改良が施され、品質を向上させていった。地道な努力が実り、一九八五（昭和六〇）年、ＥＸは第一一回ショパン国際コンクールの公式ピアノとして、ヤマハのＣＦⅢと共に採用された。その五年前、「あのステージにカワイピアノをのせる」と滋が宣言したことが、実現したのである。日本のピアノが国際的に認められた証だった。それ以降も、ＥＸは世界を代表するピアノコンクールの公式ピアノとして次々と採用されていった。

Shigeru Kawai

一九九九（平成一一）年、新ブランドShigeru Kawaiが誕生した。滋の夢は二〇年寝かせた材を使ってピアノを作ることだった。以前、スタインウェイ社を見学した折に、二〇年寝かせた響板材を見て、これだ、と思ったのである。滋は木材担当の課長に指示し、二〇年以上前から、アカエゾマツ、スプルースを少しずつ確保してきた。それを使って、カワイのプレミアムブランドとして作ったのが、Shigeru Kawaiだった。Shigeru Kawaiは、アクション機構に最先端新素材であるカーボンファイバー入りABS樹脂を採用することで、軽快なタッチ、連打性や弱音コントロール性の向上、ダイナミックレンジの拡大など、さまざまな高性能化に成功している。この新シリーズの最高位機種として二〇〇一年フルコンサートピアノSK―EXが発表され、以来、カワイのフラグシップモデルとなっている。

調律者養成

カワイは一九六一（昭和三六）年にピアノ調律技術者養成所（現河合音楽学園）を作り、調律師の養成を行ってきたが、一九八九（平成元）年からは、調律師をヨーロッパに派遣する海外技術研修制度を開始した。この制度は、優秀な調律師を二年間海外に派遣し、コンサートチューナーとして育成するもので、主にヨーロッパのカワイの主要ディーラーや現地法人で研修を行う。こうして、国際的な感覚を身につけたカワイの優秀なコンサートチューナーが生まれ、その意見が楽器作りにフィードバックされる、という好循環が生まれるようになった。

さらに、二〇〇〇（平成一二）年からはＭＰＡ（マスター・ピアノ・アーティザン）という資格を設けた。ＭＰＡはカワイの中で、最高の専門技術者として位置づけられ、ピアノ研究所でフルコンサートピアノの研究開発や製作に携わるのを始め、国際コンクールでは、コンサートチューナーとして赴き、ピアニストの要求に応えている。

二　ヤマハの躍進

CFⅢの開発

ヤマハでも一九六七（昭和四二）年に発表したフルコンサートグランドピアノCFが好評価を得たが、まだ改良の余地があった。ヤマハは一九七八（昭和五三）年、CFⅡを発表する。CFⅡは、西ドイツのハンブルク・スタインウェイで調律・整調をした経験のあるピアノ技師、リューデマンを雇い、彼の設計思想を取り入れた輸出向けのコンサートグランドで、リヒテルやシフラなどのピアニストからは高い評価を得たが、まだ万全ではなかった。

そこで、使われている材料群の徹底的な分析、研究を続け、改良すべき点を浮かび上がらせた。次の開発目標は「歌うピアノ」を確立することだった。アーティストからは、「ヤマハのピアノはまだ〝のび〟が少ない。迫力が足りない。協奏曲でオーケストラの音に負けてしまう。もっと歌うピアノを作ってほしい」と指摘する声があり、当時、日本各地で建設されていた本格的なコンサートホールに負けないパワーと音質が求められていた。

そこで、三つに分かれたプロジェクトチームが作られ、それぞれ試作ピアノを作ったが、その中で最終的に選ばれたモデルが、「CFⅢ」として、一九八三（昭和五八）年に発売された。この機種はフレームを従来よりも一〇キロ軽くし、響板にはドイツ・スプルース材が採用され、響板の貼り方も変更されるなど、独特の設計で作られていた。

このＣＦⅢは一九八五（昭和六〇）年、バッハ生誕三〇〇年と世界的ピアニスト、故グレン・グールドを記念した「バッハピアノ国際コンクール」において、唯一の公式ピアノに採用された。

さらに、同年九月には、カワイＥＸと共に、ショパン国際コンクールの公式ピアノに採用された。ＣＦⅢの快進撃は続き、翌一九八六（昭和六一）年七月にはチャイコフスキー国際コンクール、同年九月にはジュネーヴ国際コンクール、さらに、一一月にはロン＝ティボー国際コンクールでも公式採用となった。特に、この年のロン＝ティボー国際コンクールでは、早速、藤原由紀乃がＣＦⅢを使って第一位を獲得し、大きな話題になった。

ヤマハが次に発表したのは、一九九一（平成三）年のＣＦⅢＳという機種である。音の美しさに定評があった。

しかし、オーケストラと一緒に演奏するコンチェルトなどでも、美しい音を保ちつつ、さらに豊かな響きを求めて、次の開発が行われ、二〇一〇（平成二二）年、二〇代から三〇代の若い技術者たちが中心となって、一九年ぶりの新シリーズ「ＣＦ」を開発した。

その最上位機種、ＣＦＸを使って、二〇一〇年のショパン国際ピアノコンクールで演奏したユリアンナ・アヴデーエワが優勝したことは、大きな話題になった。ＣＦＸをポーランドの現場で支えたのは、ヤマハ・アーティスト・サービス・ヨーロッパ（パリ）、ヤマハ・ミュージック・ロシア、浜松の本社ピアノ事業部から集まったアーティスト・リレーションスタッフと調律師からなるグローバルチームであった。

ピアノテクニカルアカデミー

一九八〇（昭和五五）年三月、ヤマハは浜松市内に「ピアノテクニカルアカデミー」を開設した。初代校長となったのは、伝説の調律師、村上輝久である。

村上は一九七〇（昭和四五）年代に入って、ヤマハピアノが本格的に世界市場に仲間入りし、欧米のコンサートでしばしば使用されるようになったことから、ピアノの品質向上に努めることと同時に、世界市場で公平な品質判断ができ、アーティストへのサービスや対応も的確に行うことができる優秀なピアノ調律師が必要になると考えていた。

ヤマハでは、戦前から、社内で調律師を養成していた。戦前は徒弟制度の中で養成が行われ、戦後は実習生方式に変わり、工場で生産作業をしながら研修するようになった。しかし、工場は生産が目的なので、生産の合間を縫っての研修は効率が悪い。そこで一九六〇（昭和三五）年、当時のピアノ工場長、松山乾次の発案で、東京と大阪に技術研修所を作り、本格的にピアノ調律師養成がスタートした。この研究所はピアノ調律師の養成としては十分な機能を果たしていたが、調律実技中心であった。

村上は自分の経験から、調律師には、調律技術に加えて、その周辺の知識を学ばせたいと考え、それまでの技術研修所を吸収し、発展的解消するかたちで、新たにヤマハピアノテクニカルアカデミーが作られたのである。

アカデミーは全寮制で、充実したカリキュラムが用意されている。[*5] 一九八七年からは、コンサート用ピアノの調律を任されるコンサートチューナーの海外研修も始まり、ハイレベルな教育が行われている。

アーティスト・サービス室

ヤマハでは、海外のトップ・アーティストとの交流拠点として、一九八七（昭和六二）年二月、パリとロンドンに「アーティスト・サービス室」を設置した。

ここにはコンサートグランドピアノの試弾室、選定室、ショールームなどが設けられ、ベテランの技術スタッフが常駐している。アーティストの意見等を商品開発に反映させる一方、コンサートへのピアノの提供、調律師の派遣、修理、情報提供などを行っている。[*6]

　このように、ヤマハでもカワイでも、すぐれたフルコンサートグランドピアノを開発するだけでなく、調律や整調のスタッフを固め、さらにアーティストへのサポートを充実させるなど、さまざまな方策を組み合わせることによって、世界のトップレベルのピアノメーカーの座を確かなものにしたのである。

　コンサート会場ではスタインウェイになかなか勝てなくとも、日本のヤマハ、カワイは共に世界的なメーカーであり、それぞれ、最高水準で独自のピアノを製造していることは確かである。

　しかし、その快進撃の裏で、二〇世紀末から、日本のピアノ業界には大きな地殻変動が起こっていた。

三　日本のピアノ生産、絶頂から谷底へ

一九八〇年のピーク

日本のピアノ生産は、右肩上がりで急増し、一九八〇（昭和五五）年に三九万二五四五台という数字を叩き出した。しかし、ここを頂点に、日本のピアノ生産は急減していく。ピアノが急激に売れなくなったのである。

　次の表は、一九八〇（昭和五五）年から二〇一二（平成二四）年までの国内ピアノの総需要の推移を示したものだが、ピーク時の一九八〇年に三〇万台あったピアノの総需要は、二五年後の二〇〇五年には一〇分の一の三万台を割り込み、二〇〇九年には二万台を切るまでになったことが分かる。[*7] その後、二〇一七年の販売台数は、さらに減少して、一万三〇八〇台となった。[*8] ピーク時の約四パーセントである。

国内ピアノ総需要の推移

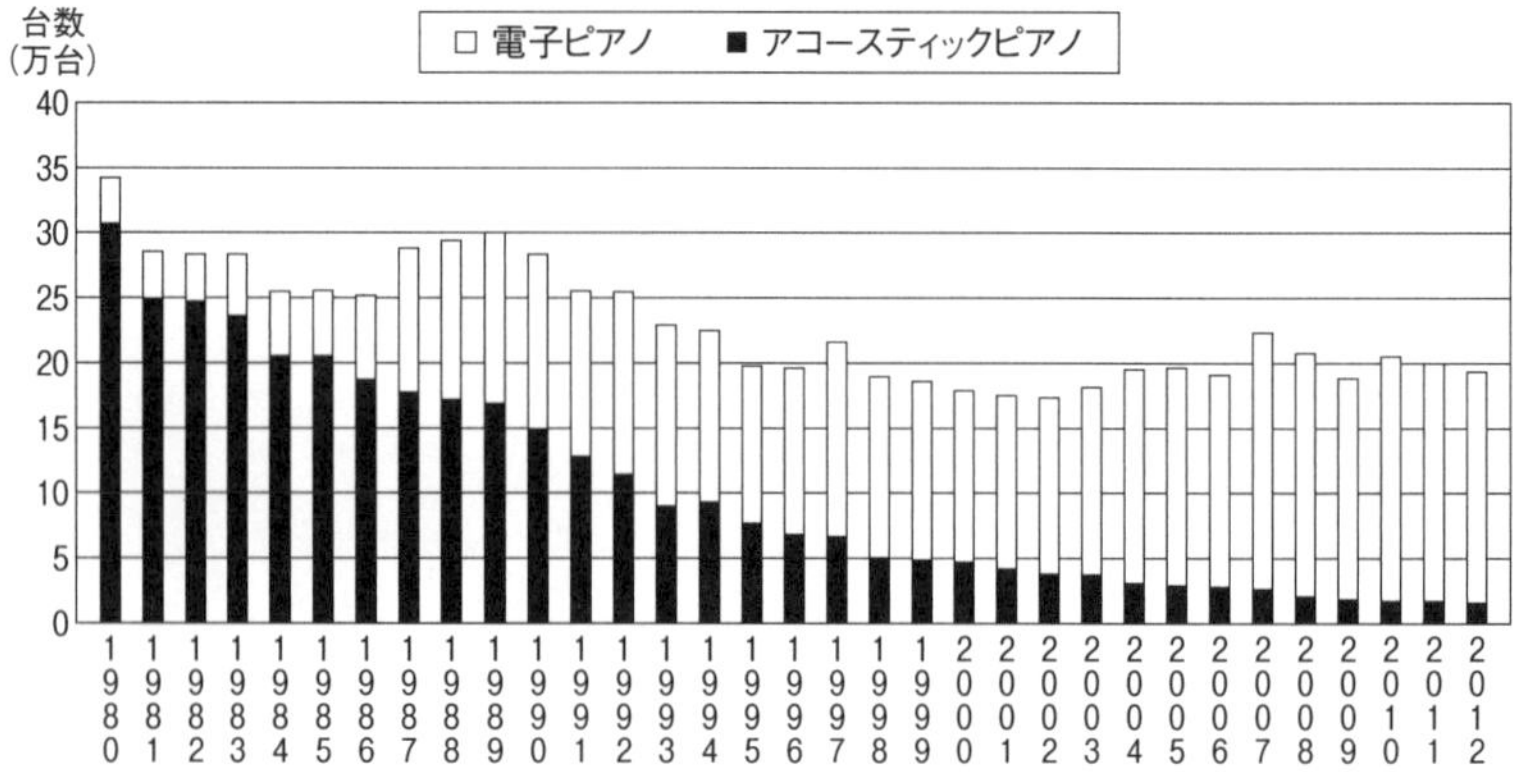

その要因として、まず、一九八〇（昭和五五）年後半にはピアノの普及率が二〇パーセントを超え、五世帯に一世帯の割合でピアノが普及するようになったことが挙げられる。ピアノは楽器としての寿命が長いため、買い替え需要はほとんど期待できない。また、少子化による市場の縮小も大きかった。ただし、この間の技術革新によるデジタル化は電子ピアノという形で需要の裾野を広げていた。電子ピアノとふつうのピアノ（アコースティックピアノ）合計は二〇万台前後で安定している。二〇一七年も電子ピアノの販売台数は二〇万六〇〇〇台で、アコースティックピアノと合計すると、二一万三六八〇台となり、ピアノ人気が衰えたわけではないことがわかる。

二〇一〇（平成二二）年には電子ピアノを含むピアノの普及率は二五・二パーセントに達した。実に四世帯に一世帯の割合で何らかのピアノがあるわけで、ほぼ飽和状態になった。電子ピアノの分野でもつねに時代をリードしてきたのは、世界一の楽器メーカーであるヤマハであった。つまり、アップライトピアノの需要は減ったが、ピアノ離れに直結しているわけではなく、電子ピアノに置き換わったと言える。

国内での販売が減少していく中で、楽器メーカーは輸出に活路を求めた。

韓国メーカーの進出、日本の中小メーカーの倒産

しかし、日本では一九八六（昭和六一）年に始まったバブル期が一九九一（平成三）年に崩壊して「失われた一〇年」に突入する。しかも、円高が加速し、一九九五（平成七）年にはついに一ドル八〇円割れという歴史的円高を記録したため、輸出をする上で厳しい状況となった。

そのような状況で、世界的に韓国のピアノが進出し始め、日本の楽器メーカーは低価格製品に追い上げられる立場となった。アップライトピアノの売り上げは下降するばかりで、浜松のピアノメーカーは次々に廃業。一九八六（昭和六一）年四月、中堅ピアノメーカー、アトラスピアノが倒産、同年九月にはピアノ販売の大手、東京ピアノが倒産し、中小ピアノメーカーの連鎖倒産が深刻化した。

結局、この中で生き残ったのは、ヤマハとカワイであった。

アップライトピアノを生産調整するため、ヤマハは一九八四（昭和五九）年に西山工場のアップライトピアノ生産工程を掛川工場に統合する。さらに、二〇一〇年（平成二二）年には本社のグランドピアノ工場を掛川工場に移転統合する。アコースティックピアノの生産減に伴う措置であった。

一方、カワイも、二〇〇九年、舞阪工場のアップライトピアノ全工程の竜洋工場への移転が完了した。舞阪工場の跡地は売却された。

円高情勢が続く中、両社は海外での生産を本格化させる。

一九九八年（平成一〇）年の時点で、ヤマハはアメリカ（二社）、イギリス（一社）、インドネシア（二社）、マレーシア（二社）、台湾（二社）、中国（三社）に、カワイはアメリカ（三社）マレーシア（一社）にそれぞれ楽器・楽器部品生産のための海外現地法人を設立していた。*9

四　イギリスとアメリカの状況

イギリスのケンブルとヤマハ

第二次世界大戦後、イギリスのピアノ製造を牽引するようになったのは、ケンブル社であった。ケンブルは戦後すぐにピアノ生産を再開するが、一九六〇年代、中国のパール・リバー、日本のカワイやヤマハなどのアジアのピアノメーカーが進出し始める。ケンブルはそれらのメーカーと競争するのではなく、ヤマハと手を結ぶ道を選び、最初はヤマハのエレクトーンを配給する契約を結んだ。一九六八年、工場をロンドンからミルトン・キーンズのブレッチリーへ移転した。そのおかげでケンブルは発展し、一九六九年には六三〇〇台以上を年産した。

一九八五年、ケンブルはヤマハがイギリスで売るためのピアノを生産し始めた。一九九一年、ケンブルが生産するピアノの七五パーセントはヤマハの名前で輸出され、残りはケンブルあるいはチャペルの名前が付けられた。二三年間にケンブルはヤマハのために一二万台以上のピアノを生産した。

しかし、イギリスの工賃は上昇し、一方、イギリスでのピアノの売り上げは減少し、ヤマハは二〇〇九年、ブレッチリー工場の閉鎖を決定した。この時期、ケンブルはイギリスで唯一の大規模なピアノメーカーだったが、それがついに無くなった。ケンブルのブランドはその後もヤマハで作り続けられている。

アメリカのヤマハとカワイ

一九九〇年代、ヤマハとカワイはそれぞれ、ジョージアとノースカロライナで、ピアノを生産し始めた。アメリカの国内ピアノ生産は、ボールドウィン、スタインウェイ、ヤマハ・アメリカ、カワイ・アメリカの四社で、アメリカで生産されるアップライトピアノの九四パーセント、グランドピアノの九九パーセントを占めていた。

一九九八年、アメリカにおける輸入ピアノの割合が四六パーセントに達し、うち九三パーセントが日本、韓国、中国からの輸入であった。しかし、円高の日本は韓国と中国に追い上げられた。

ヤマハは二〇〇七年、アメリカでのピアノ工場を閉鎖し、販売一本に絞った。カワイも製造をアメリカから東南アジア、インドネシアにシフトした。カワイが現地に工場を作ったのは地元の家具会社からキャビネットを調達し、近いところで売る、という考えからだったが、アメリカの木工業者も東南アジアに生産をシフトしていくので、カワイにとってはキャビネットを安く調達できるメリットが無くなってしまったのである。

二〇一九年現在、アメリカの主要なピアノメーカーは三社で、すべて合わせて数千台のピアノしか生産していない。それに三万台以上のピアノが、一二か国、三〇社ほどのメーカー製、七〇の違ったブランド名で売られている。アメリカの主要メーカーはスタインウェイ、メーソン・アンド・ハムリン、そして、チャールズ・R・ウォルターである。大メーカーであったボールドウィンは二〇〇九年にアメリカでの生産を中止し、すべてのピアノ生産を中国に移した。

五　ヤマハとカワイの現在

ヤマハと川上家

二〇〇二（平成一四）年五月二五日、ヤマハの第四代社長、川上源一が永眠した。中興の祖、川上嘉市の後を受け、さまざまな功績を残した源一だったが、「負の遺産」も残した。話は一九七七（昭和五二）

年から始まる。この年一月、川上源一は突然社長を辞め、会長の座に移った。新たに第五代社長に就任したのは専務の河島 裕だった。

ところが、三年後の一九八〇（昭和五五）年、川上源一会長は河島を解任し、自分が社長に返り咲く。源一の社長復帰の意図は三年後に明らかになった。一九八三（昭和五八）年、長男で副社長だった川上浩を第七代社長に据えたのである。

この川上浩の社長在任中に、創業一〇〇年を迎えたヤマハは、社名を「日本楽器製造株式会社」から「ヤマハ株式会社」へ変更した。

日本のピアノ生産が急減していく中で、難しいかじ取りをしなければならないときに、世襲で社長となった川上浩は、業績悪化に対して、内向きの経営姿勢に終始。ついに一九九二（平成四）年二月、労働組合と経営陣のクーデタにより失脚する。代わって登場したのが副社長から昇格した上島清介だが、経営は健全化されないまま、一九九七（平成九）年六月まで社長の座にとどまった。次の社長、石村和清は一〇〇〇人を超えるリストラを行い、最新鋭の半導体の工場まで売り払い、赤字決算を計上し、リストラの責任を取って二〇〇〇（平成一二）年三月末に辞任。その後、社長に就任した伊藤修二は音楽事業への原点回帰を打ち出した。二〇〇七（平成一九）年から梅村充が社長となり、さらに、二〇一三（平成二五）年六月からは中田卓也が社長を務めている。ヤマハは楽器で世界一の売り上げを誇るが、海外売上高が七割を占める（二〇一九年）。

カワイの社長交代

カワイの第二代社長、河合 滋は一九八九（平成元）年、社長の座を息子の弘隆に譲って会長に退いた。二〇〇二年（平成一四）年、会長を辞任し、さらにその四年後、二〇〇六（平成一八）年、八四年の生涯を閉じた。第三代の社長となった弘隆は、国内のピアノ需要が伸び悩み、本業の楽器を取り巻く環境が厳しさを増すなか、カワイブランドの確立に向けて取り組んでいる。その成果もあって、いまや、Shigeru Kawai は着実にヨーロッパに浸透している。

ヤマハ、ベーゼンドルファーを買収

二〇〇七（平成一九）年、ヤマハはウィーンの名門ピアノメーカー、ベーゼンドルファー社を買収した。ベーゼンドルファー社は、一八二七年にイグナーツ・ベーゼンドルファーが創始した会社で、高級ピアノの製作で世界的な名声を得た。世界で最も製作に時間をかけるメーカーとして知られ、一九二〇年代中頃まで、年間わずか数百台しか生産していなかった。

大恐慌時代はさらに落ち込み、第二次世界大戦では戦災のため生産はストップし、蓄えてあった木材やピアノは薪にされてしまった。戦後も復興は進まなかった。

一九六六年、アメリカのキンボール社の社長がベーゼンドルファー社を買収する。この関係はベーゼンドルファー社がキンボールとの提携を解消する二〇〇二年一月まで続いた。その後は、オーストリアの銀行グループが支援していたが、それも立ち行かなくなり、ヤマハが買収したのである。

子会社化したのちも、ヤマハはベーゼンドルファーの技術面には一切口を出さないという方針を貫いている。ベーゼンドルファーは創業以来積み重ねてきた伝統や技術を守り続け、現在でも一年にわずか二五〇台しか製造していない。ヤマハの傘下に入ってから変わったことは、より完璧なものをめざして、従業員一人ひとりがアイデアを出すように求められることだという。それにしたがって、モデルの部品の形状を少し変えたりもしている。[*10]

ヤマハとウィーンとの縁は一九七〇年代にさかのぼる。この頃から、ウィーンフィルハーモニー交響楽団の管楽器を手がけていたのである。ウィーン・フィルの楽器は特注品だが、これらを製作していたヨーロッパの工房が次々と廃業したため、管楽器奏者がヤマハを頼ってきたのである。最初はウィーン式トランペットだった。ヤマハにとっても初めての試みだったが、それが好評で、その後、ホルン、オーボエ、ファゴットなど、ほかのウィーン式楽器も手掛けるようになった。二〇一二年にはウィーンの音楽文化の発展に寄与したとして、長年開発に携わった常務の岡部比呂男が「ウィーン州功労者賞」を受勲している。こうした下地があって、ヤマハはベーゼンドルファーを傘下に収めたのである。

ヤマハは、西洋クラシック音楽の伝統的な楽器製造技術を保全する役割を担ってもいるといえよう。

スクールプロジェクト

一九六三（昭和三八）年、ヤマハの常務、窪野 忍が海外視察に際して、日本の音楽指導要領を広めたい、「指導要領の輸出」をしたいと意気込んでいた話は先述したが、それから半世紀、二〇一五（平成二七）年から、ヤマハはマレーシア、ベトナム、インドネシアなど、新興国を中心に、楽器演奏の楽しさをより多くの子どもたちに体験してもらうための「スクールプロジェクト」を展開している。[*11]

ヤマハは各国の教育省と連携しながら、公立小学校に楽器と教材、指導ノウハウをパッケージとして提供し、子どもたちが学校教育の中で器楽を学べる環境作りをサポートしている。これこそ、ヤマハの遺伝子である。

また、「ヤマハ音楽教室」について言えば、現在は世界四〇か国以上、約五〇万人が「ヤマハ音楽教室」で学んでいる。卒業生はすでに五〇〇万人以上もいる。これも世界への貢献の一つといえよう。

エピローグ

音楽評論家の草分け、野村光一はロンドン留学した一九二一年、どんな家にもピアノがあることに目を見張った。裕福な家には新しいピアノ、貧しい家にはぼろピアノが必ず置かれていた。ロンドンの街にはピアノの音楽が充満している気がしたという。

その象徴がデパートのピアノ売り場だった。新しいものもあるが、中古の手ごろなものもたくさん置いてあった。

「楽器店もなくはなかったのですが、それよりもデパートで盛んに売っていて、殊にピアノは無数置いてありましたね。ロンドン一流のデパート、ハロッヅとか、セルフリッジスとかいう店では、いま店にはこういうピアノの在庫があるという広告を毎週大新聞に全二段、三段抜きで大きく出すのです」と『ピアノ回想記』のなかで紹介している。[*1]

一方、当時の日本ではよほど裕福でなければ、ピアノ購入は無理だった。輸入品はもちろん、国産品も非常に高価だった。

けれども戦後、ピアノは急速に日本の一般家庭に浸透し、日本は世界一のピアノ生産国になった。そして、飽和状態に達し、いまや減少期に入って久しい。

英国では二〇一三（平成二五）年、ハロッズ・デパートからピアノ売り場がなくなることが報じられ、「文明の終わり」と評されたが、日本では、いまや毎週、新聞で「ピアノ買います」という買取広告が大きく掲載されている。

親戚の家でピアノを処分するかどうかでもめた。「子どものために苦労して買ったピアノを捨てるなんて」と嘆く老母、介護ベッドを入れるためには場所ふさぎだから断捨離しようという娘。日本中の家庭で同じようなことが起こっているだろう。

そのピアノはゴミ捨て場に行くのではなく、再調整され、輸出されている。日本で作られたヤマハやカワイのピアノは品質が良いと中古市場で人気が高い。

日本ではすでに、ピアノのおけいこは電子ピアノで始めるのが一般的になっている。その後、専門的にピアノを学ぶ人や、よほどの愛好家だけがピアノを買う時代である。ヤマハもカワイも、日本国内で作るピアノは、もはや量産型ではなく、最先端の技術を生かしつつ、手作りの良さを生かした高級機種に舵を切っている。その一方で、電子ピアノのメーカーとしても世界を牽引している。

もはやお手本は存在しない。今後のピアノの歴史は、日本の百年企業、ヤマハとカワイが先頭に立って作っていくのである。

あとがき

もともとフランス近代音楽史が専門だった私が、日本における洋楽器製造の歴史についても研究するようになったきっかけは、一九〇〇年のパリ万国博覧会の弦楽器製造部門の受賞者リストに名古屋の鈴木政吉の名前を見つけたことである。それから研究を進め、前書『日本のヴァイオリン王——鈴木政吉の生涯と幻の名器』（中央公論新社）を刊行した。その間、アメリカに調査に行ったときに目にしたのが、二〇世紀はじめのアメリカの楽器業界誌『ザ・プレスト』に掲載された多数の日本のピアノ・オルガン産業に対するバッシング記事である。これについては、本書の第三章でも取り上げたが、歩き始めたばかりの明治日本のピアノ・オルガン産業がなぜアメリカからバッシングされたのか、さっぱり理解できなかった。

日本のピアノ作りについて、これまで関心が持たれてこなかったわけではない。良書も出版されている。しかし、そうした本を読んでみても、求める答えは見つからなかった。「ピアノを通して、世界を見る」という視点が必要に思われた。そこから本書の構想が生まれた。

研究を進める上でのひそかな楽しみは、いろいろな謎が少しずつ解けることである。たとえば、今回はこういうことがあった。鈴木政吉は一八九九（明治三二）年から翌年にかけて、ヴァイオリン工場に機械の導入を図った。国内で比較的安い輸入品が出回るようになり、さらに、名古屋の職工賃金が値上がり気配であることから、従来の手工のみでは勝ち目がないと考えたのである。そこで、彼は横浜や神戸の商館に問い合わせ、ヴァイオリンを作るためのさまざまな機械のカタログを探すが、一向にらちが明かず、仕方なく自力で開発した。このエピソードについて、政吉がなぜ外国にヴァイオリン製造用の機械があると思ったのか不思議だったが、同時期に、山葉寅楠がアメリカからピアノ生産のための最新設備を取り入れていたことを考えれば納得がいく。政吉は、外国にはピアノだけでなく、ヴァイオリン製造用の機械があると思ったに違いない。それがないので、自分で作ってしまったのである。それが可能だったのは、そのアイデアを形にしてくれる機械の工場が近くにあったからだ。「ものづくり名古屋」の面目躍如である。近代の楽器製造においては、これと似た例が日本でも外国でもあった。楽器製造で成功した人々は、みな、アントレプレナーだった。

本書を書き上げるまでの間には、多くの方のお世話になった。特に、氏家平八郎氏、大堀敦子氏、田中晴美氏、平野正裕氏、村上輝久氏には、貴重な情報や資料を提供していただいたり、インタビューに応じていただいたりした。ベルリンでの調査は当時同地に留学していた音楽学者の畑野小百合氏にお願いした。小林英樹さんと加藤礼子さんには、それぞれ、草稿段階の原稿に目を通していただき、貴重な助言をいただいた。その他、さまざまな方々から多様な形でご協力と情報提供をいただいた。みなさまのご協力とご厚情に深く感謝し、心から御礼を申し上げる。

なお、本書は、平成二八年度〜令和元年度日本学術振興会科学研究費採択課題「グローバルな視座から見る近代日本のピアノ製造の発展メカニズムと音楽文化」及び、研究分担者としてかかわっている、平成三〇年度〜令和四年度採択課題「二〇世紀序盤の東アジアにおける東洋・西洋の共鳴——楽器の響きから考えるピアノ文化」（研究代表者　小岩信治）の研究成果の一部である。

最後に、本書をご担当いただいた中央公論新社の登張正史さんに心から感謝したい。登張さんには前作に引き続き、細やかな配慮と的確な助言をいただいた。

二〇二〇年一月

井上さつき

注

第一章

＊1 Cyril Ehrlich, *The Piano: A History*, Oxford: Clarendon Press, 1990, Rev. ed. p.18.
＊2 西原稔「ピアノと鉄の文化――鋳鉄フレームの文化史」『ふぇらむ』第五巻七号（二〇〇〇年七月）四一頁。
＊3 ジョン＝ポール・ウィリアムズ『ピアノ図鑑――歴史、構造、世界の銘器』元井夏彦訳（ヤマハミュージックメディア、二〇一六年）三七頁。
＊4 Philip Jamison III, "Chickering, Jonas", in *The Piano: An Encyclopedia*, Second Edition, Edited by Robert Palmieri, London: Routledge, 2003/2011, p.71.
＊5 Gary J. Kornblith, "The Craftsman as Industrialist: Jonas Chickering and the Transformation of American Piano Making", *Business History Review*, Vol.59, No.3（Autumn, 1985）, pp.349-368.
＊6 Janice M. Arnold, "American Pianos, Revolution and Triumph", *Clavier*, July-August 1987, p.18.
＊7 Roland Loest, "American Pianos, Evolution and Decline", *Clavier*, July-August 1987, p.37.
＊8 *Le Ménestrel*, 9 avril 1867.
＊9 Ehrlich, *op.cit.*, p.74.
＊10 Ibid., p.75.
＊11 西原稔、前掲論文、四二頁。
＊12 ジェイムズ・バロン『スタインウェイができるまで　あるピアノの伝記』忠平美幸訳（青土社、二〇〇九年）八四頁。
＊13 Ehrlich, *op.cit.*, p.222.
＊14 Ibid., p.71.
＊15 Ibid., p. 222.

第二章

＊1 武石みどり「明治初期のピアノ――文部省購入楽器の資料と現存状況」『東京音楽大学研究紀要』第三三巻（二〇〇九年）一～二一頁。
＊2 石原実『石原時計店物語』（海風社、二〇一三年）一四頁。

＊3 『社史』（日本楽器製造株式会社、一九七七年）八頁。
＊4 武石みどり「山葉オルガンの創業に関する追加資料と考察」『遠江』第二七号（二〇〇四年）一〜一八頁。
＊5 「国産ピアノの創業とその発達を語る」（鈴木米次郎談）『音楽世界』一九三六年一一月号、二〇頁。
＊6 磯部千司編著『山葉寅楠翁』（山葉寅楠翁銅像建設事務所、一九二九年）三七頁。
＊7 同前、三六頁。
＊8 同前、四八頁。
＊9 同前、三三頁。
＊10 「国産ピアノの創業とその発達を語る」（山葉直吉談）一四〜一五頁。
＊11 『社史』八頁。
＊12 田中智晃「楽器卸商と製造会社の関係性——三木楽器と日本楽器製造の契約書から考察する流通の歴史」『東京経大学会誌』第二九六号（二〇一七年）二三頁。
＊13 Lianli ku, "China—Piano Industry", in *The Piano: An Encyclopedia*, Second Edition, p.72.
＊14 "A New Shanghai Industry", *The North-China Herald and Supreme Court and Consular Gazette*, Apr. 26, 1895.
＊15 *The Music Trade Review*, April 27, 1912.
＊16 赤井励『オルガンの文化史』（青弓社、一九九五年）五八〜六一頁。
＊17 「国産ピアノの創業とその発達を語る」（山葉直吉談）二六頁。
＊18 『第三回内国勧業博覧会審査報告』第五部（第三回内国勧業博覧会事務局、一八九一年）八二〜八四頁。
＊19 「国産ピアノの創業とその発達を語る」（鈴木政吉談）一七頁。
＊20 山葉寅楠、大野木吉兵衛編『渡米日誌』遠江資料叢書六（浜松史蹟調査顕彰会、一九八八年）。
＊21 井上さつき『日本のヴァイオリン王——鈴木政吉の生涯と幻の名器』（中央公論新社、二〇一四年）六四頁。
＊22 『松本ピアノの歴史——三代続いたスウィート・トーン』（松本ピアノ・オルガン保存会、二〇一二年）三三〜三六頁。

第三章

＊1 三浦啓市『ヤマハ草創譜』（按可社、二〇一二年）四三頁。
＊2 「国産ピアノの創業とその発達を語る」五六頁。および、大野木吉兵衛「浜松における洋楽器産業」『遠州産業文化史』（浜松史蹟調査顕彰会、一九七七年）三〇六頁。
＊3 大野木、前掲書、一九八八年（山葉寅楠『渡米日誌』解説）七四頁。

＊4　直吉は一一歳で弟子入りしたというが、これは数え年で、本人は明治二三年一月に弟子入りしたと述べている。（「国産ピアノの創業とその発達を語る」一四頁）。

＊5　「山葉氏の楽器談」『音楽雑誌』一八九六年五月二八日号。

＊6　『山葉寅楠翁』（山葉寅楠翁銅像建設事務所、一九二九年）磯部前掲書、三五頁。

＊7　『第五回内国勧業博覧会出品審査報告』第九部（第五回内国勧業博覧会事務局、一九〇四年）二〇三～二〇四頁。

＊8　*The Music Trade Review*, November 24, 1900.

＊9　『第五回内国勧業博覧会出品審査報告』第九部、二〇四頁。

＊10　「松本新吉談話」『音楽』（東京音楽学校、一九一一年）、『松本ピアノの歴史』四〇頁に再録。

＊11　東京勧業博覧会（一九〇七年）、第一〇回関西府県連合共進会（一九一〇年）など。

＊12　三浦、前掲書、五五頁。

＊13　*The Music Trade Review*, October 1, 1904.

＊14　大野木吉兵衛「山葉寅楠の手帖」『遠江』第二号（一九七八年）一三頁。

＊15　大野木吉兵衛「明治末葉における日本楽器製造（現ヤマハ）株式会社要人の動静――橋本吉太郎宛て書簡と松山大三郎の急逝をめぐって――」『遠江』第二〇号（一九九七年）一九～二一頁。

＊16　『保護政策調査資料　第一集』（東京商業会議所、一九〇四年）一五一頁。

＊17　三浦、前掲書、五五頁。

＊18　大野木、前掲論文、一九七八年、四頁。

＊19　*The Presto*, May 30, 1907.

＊20　Ehrlich, *op. cit.*, p.222.

＊21　Thomas Sammons, "Japan", *Special Consular Reports*, vol.55: *Foreign Trade in Musical Instruments*, 1912, p.54.

＊22　Clarence E. Gauss, "Musical Instruments in China," *Monthly Consular and Trade Reports*, No.343, April 1909, pp.255-262.

＊23　岡田恵美『インド鍵盤楽器考――ハルモニウムと電子キーボードの普及にみる楽器のグローカル化とローカル文化の再編』（渓水社、二〇一六年）五七頁。

＊24　榎本泰子『楽人の都・上海――近代中国における西洋音楽の受容』（研文出版、一九九八年）二二頁。

＊25　坂本麻実子『明治中等音楽教員の研究――『田舎教師』とその時代』（風間書房、二〇〇六年）一四頁。

＊26　瀧井敬子『夏目漱石とクラシック音楽』（毎日新聞出版、二〇一八年）一四五頁。

＊27　Ehrlich, *op. cit.*, p.129.

＊28 Arthur Loesser, *Men, Women, and Pianos: A Social History*, New York: Dover, 1954/1990, p.532.
＊29 Ehrlich, *op.cit.*, p.43.
＊30 Ibid., p.146.
＊31 Sarah Katherine Deters, *The Impact of the Second World War on the British Piano Industry*, A thesis submitted in partial fulfilment of the requirements for the degree of Doctor of Philosophy of Music, The University of Edinburgh, 2017, p.25.
＊32 Ehrlich, *op.cit.*, p.113.

第四章

＊1 Deters, *op.cit.*, p.31 sqq.
＊2 Ibid., p.34.
＊3 Ibid., p.38
＊4 Craig H. Roell, *The Piano in America, 1890-1940*. Chapel Hill and London: The University of North Carolina Press, 1989, p.189.
＊5 Ibid., p.190.
＊6 Ibid., p.200.
＊7 氏家平八郎「大橋幡岩の遺したメッセージ」（2）『ＪＰＴＡ会報』（日本ピアノ調律師協会）第一四九号（二〇一二年一一月）七六頁。
＊8 井上、前掲書、一七三頁。
＊9 大木裕子「伝統工芸の技術継承についての比較考察——クレモナ様式とヤマハのヴァイオリン製作の事例——」『京都マネジメント・レビュー』第一一号（二〇〇七年）二一頁。
＊10 大野木吉兵衛「浜松における洋楽器産業」『遠州産業文化史』（浜松史跡調査顕彰会、一九七七年）三一六頁。
＊11 田中智晃編著、三木楽器株式会社社史編纂委員会監修『三木楽器史——Our Company を目指して——』（大阪開成館、二〇一五年）七四頁。
＊12 同前、七五頁。
＊13 『社史』三〇頁。
＊14 大野木、前掲論文、一九七七年、三二〇頁。
＊15 大庭伸介『浜松・日本楽器争議の研究』（五月社、一九八〇年）、特に第三章、第四章。

第五章

＊1 「国産ピアノの創業とその発達を語る」（川上嘉市談）三三三頁。
＊2 大野木、前掲論文、一九七七年、三三一頁。
＊3 同前、三一八頁。
＊4 『社史』四九頁。
＊5 『社史』（松山乾次「入社当時の想い出」）三九六頁。
＊6 大野木、前掲論文、一九七七年、三一八頁。宮本、森、大橋の証言も同頁。
＊7 前間孝則・岩野裕一『日本のピアノ１００年――ピアノづくりに賭けた人々』（草思社、二〇〇一年）一五三頁。
＊8 三浦、前掲書、一〇八頁。
＊9 前間・岩野、前掲書、一五一頁。
＊10 『日本楽器製造株式会社の現況』（山葉寅楠翁銅像建設事務所、一九二九年）一〇～一二頁。
＊11 酒井甲子夫「楽器の塗装に就て」『日楽社報』第三一号（一九五一年一月一日）二頁。
＊12 河合滋『風雪三十年（上）』（河合楽器製作所、一九九四年）二〇七～二一三頁。なお、文中カッコ内は著者による補足である。
＊13 河合滋『風雪四十五年（上）』（河合楽器製作所、一九九五年）一二〇頁。
＊14 『世界一のピアノづくりをめざして――河合楽器製作所創立70周年記念誌』（河合楽器製作所、一九九七年）二〇頁。
＊15 大野木、前掲論文、一九七七年、三三六頁。
＊16 Olivier Barli, *La facture française du piano de 1849 à nos jours*, Paris: La Flûte de Pan, 1983, p.135.
＊17 大野木、前掲論文、一九七七年、三三四頁。
＊18 氏家平八郎「大橋幡岩の遺したメッセージ」（14）『ＪＰＴＡ会報』（日本ピアノ調律師協会）第一六一号（二〇一六年一一月）一〇四～一〇六頁。
＊19 前間・岩野、前掲書、一五九頁。
＊20 氏家平八郎「大橋幡岩の遺したメッセージ」（15）『ＪＰＴＡ会報』（日本ピアノ調律師協会）第一六二号（二〇一七年三月）六二～六三頁。
＊21 氏家平八郎「大橋幡岩の遺したメッセージ」（16）『ＪＰＴＡ会報』（日本ピアノ調律師協会）第一六三号（二〇一七年七月）九二頁。
＊22 三浦、前掲書、一〇三頁。
＊23 『三木楽器史』、前掲書、一四九～一五〇頁。

＊24　前間・岩野、前掲書、一六二頁。
＊25　「楽器の国産状態について」（山野政太郎談）『音楽世界』一九三〇年八月号、一五〜一六頁。
＊26　「国産楽器工場・誌上見学」『音楽世界』一九三〇年八月号、一七頁。
＊27　『創業五拾周年記念　山葉の繫り』（日本楽器製造株式会社、一九三六年）。
＊28　川上嘉市『欧米紀行』（高風館、一九五三年）一六二頁。川上嘉市著作集第一篇。
＊29　Ehrich, *op.cit.*, pp.187-188.
＊30　Craig H. Roell, "United States: Piano Industry", *The Piano: An Encyclopedia*, Second Edition, p.426.
＊31　川上嘉市、前掲書、五一頁。
＊32　「国産ピアノの創業とその発達を語る」四〇頁。

第六章

＊1　『日本楽器製造株式会社の沿革』（日本楽器製造株式会社、一九五五年）四頁。
＊2　大野木、前掲論文、一九七七年、三三〇頁。
＊3　三浦、前掲書、一三六〜一三八頁。
＊4　同前、一〜二頁。
＊5　Deters, *op.cit.*, pp.211-212. アーリックは、第二次世界大戦中、イギリスのピアノ産業は、第一次世界大戦時よりも、問題は少なかったと述べているが、ディーターースの意見は異なっている。
＊6　Barli, *op.cit.*, p.259.

第七章

＊1　河合楽器製作所『世界一のピアノづくりをめざして』二八〜二九頁。
＊2　樫下達也「戦後日本における教育用楽器の生産、普及、品質保証施策――文部・商工（通産）・大蔵各省と楽器産業界の動向を中心に――」『音楽教育学』第四五巻第二号（二〇一五年）四頁。
＊3　眞家彰「楽器製造工業の現状」『金融情報』一九四九年三月号、二六〜二九頁。
＊4　堀内敬三『音楽明治百年史』（音楽之友社、一九六八年）二六九頁。
＊5　大野木、前掲論文、一九七七年、三三五頁。
＊6　宇都宮信一『宮さんのピアノ調律史』（東京音楽社、一九八二年）一七〇頁。

＊7 三浦、前掲書、六六頁。
＊8 実は、器楽教育が音楽科に導入されたのはこれが初めてではない。一九三〇年代には東京市を中心に器楽教育の取り組みが開始されていた。こうした実践を踏まえて、一九四一（昭和一六）年四月、それまでの小学校が国民学校へと変わり、「唱歌科」が「芸能科音楽」へと改められた際、器楽教育は歌唱や鑑賞とともに、初等教育としては初めて具体的な内容が法令のなかに位置づけられた。しかし、当時は学校で使う適切な楽器や教材もなく、指導技術も確立していなかった。そして、戦争が始まるという最悪の条件が重なり、この規定は空文で終わってしまっていた。
＊9 眞家、前掲記事、二六～二九頁。
＊10 「全楽協設立と戦後復興期の楽器業界を語る（座談会）」『全国楽器協会五十年の歩み』（全国楽器協会、一九九九年）三一頁。
＊11 日本楽器製造株式会社『第九拾九期営業報告書』（自昭和二十一年八月十一日至昭和二十四年二月二十八日）
＊12 日本楽器製造株式会社『第百期営業報告書』（自昭和二十四年三月一日至昭和二十四年十月三十一日）
＊13 中谷孝男『ピアノの技術と歴史』（音楽之友社、一九六五年）一七四頁。
＊14 大堀敦子氏から著者への私信による（二〇一八年八月二四日付）。
＊15 前間・岩野、前掲書、二〇二頁。
＊16 『響け、世界へ。河合楽器製作所90年の歩み』（河合楽器製作所、二〇一七年）一六六～一六七頁。
＊17 同前、（鈴木幸雄談）三六頁。
＊18 大野木、前掲論文、一九七七年、三三八頁。
＊19 中谷、前掲書、一六六頁。
＊20 『SALES NOTES』（河合楽器製作所、一九六一年頃）、二頁。
＊21 『35年のあゆみ――鈴木金属工業』（ダイヤモンド社、一九七三年）五六～五八頁。野村三三『ピアノ線の人――村山祐太郎伝――』（にっかん書房、一九七九年）一一二～一一七頁。日鉄ＳＧワイヤ株式会社ホームページ「国産ミュージックワイヤ開発」https://www.sgw.nipponsteel.com/story/music/08.html 二〇一九年一〇月一一日閲覧。
＊22 「本年度ピアノ生産計画決る――国産部品の飛躍的な向上」『楽器商報』一九五七年四月号、三四～三五頁。
＊23 「本年度ピアノ生産を円滑に」『楽器商報』一九五八年四月号、四三～四四頁。
＊24 野村、前掲書、一～六頁。
＊25 Roell, *op.cit.*, p.426.
＊26 Carsten Dürer, "Germany: Piano Industry", in *The Piano: An Encyclopedia*, Second Edition, pp.151-152.
＊27 Barli, *op.cit.*, pp.261-262.

＊28　Daniel E. Taylor, "England: Piano Industry", in *The Piano: An Encyclopedia*, Second Edition, p.126.
＊29　栩木仲「初の海外視察に同行して」『社史』四一四頁。
＊30　いつまで契約していたかは不明である。
＊31　『社史』一三三頁。
＊32　大野木、前掲論文、一九七七年、三四八頁。
＊33　檜山陸郎「子どもの世界に楽しい音楽を――ヤマハ音楽教室の役割」『よろこびをつくる　日本楽器＝ヤマハ』企業の現代史四一（フジ・インターナショナル・コンサルタント出版部、一九六四年）一〇二頁。
＊34　河口道朗「器楽教育の基本的諸問題――楽器産業と音楽教育の関連性の問題を中心に」『音楽教育研究』第五二号（一九七〇年）四七頁。表の出典は「未来研究」創刊号（一九六九年八月）四一頁。
＊35　同前、表の出典は「河合音楽教室本部　昭和四五年六月」

第八章

＊1　河口道朗「戦後の音楽教育」『小学校音楽教育講座　第二巻　音楽教育の歴史』（音楽之友社、一九八三年）一～四頁。
＊2　『東京楽器小売商組合六十年の歩み』（東京楽器小売商組合、二〇〇三年）九三頁。
＊3　『楽器商報』一九五八年八月号、一五頁。
＊4　田中智晃「日本楽器製造にみられた競争優位性――高度経済成長期のピアノ・オルガン市場を支えたマーケティング戦略」『経営史学』第四五巻第四号（二〇一一年）五六頁。
＊5　同前。
＊6　河合滋『颪雪三十年（下）』（河合楽器製作所、一九九四年）一九三頁。
＊7　真篠将「教育課程実施の裏づけとなる新しい教材基準について」『教育音楽』中学版、一九六七年一一月号、七〇頁。
＊8　河合滋『滋の奮戦記』（日本事務能率協会、一九六三年）二一八頁。
＊9　『河合』一九六七年八月号、二四～二五頁。
＊10　田中、前掲論文、六五頁。
＊11　同前。
＊12　『SALES NOTES』五九頁。
＊13　同前、一四七頁。
＊14　同前、一六八頁。

＊15 笠原光雄『メキシコの土になれ』（発行者　笠原光雄、二〇〇四年）一九～二〇頁。
＊16 同前、二三九～二四一頁。
＊17 同前、二六頁。
＊18 「バンザイ、日本製楽器」（座談会）『楽器商報』一九六三年一一月号、四一頁。
＊19 『河合』一九六七年一二月号、二頁。
＊20 『河合』一九六七年一一月号、二二頁。
＊21 笠原、前掲書、六七頁。
＊22 笠原光雄「アメリカ通信」『日楽社報』第一五一号（一九六二年六月）一六頁。
＊23 『楽器商報』一九六三年五月号、一三六頁。
＊24 「欧米業界よもやまばなし――窪野日楽常務帰国講演会から」『楽器商報』一九六三年八月号、三〇頁。窪野忍「欧米楽器メーカー気質と日本」『実業の日本』一九六三年一〇月号、八二頁。
＊25 「バンザイ、日本製楽器」（座談会）『楽器商報』一九六三年一一月号、四三頁。
＊26 『楽器商報』一九六三年五月号、一三六頁。
＊27 同前。
＊28 「ヤマハ国際連合結成へ――窪野常務に聞く雄大な構想」『楽器商報』一九六三年七月号、四八頁。
＊29 通商産業省編『昭和50年代の生活用品産業』（通商産業調査会、一九七六年）四九〇頁。
＊30 『社史』一五三～一五四頁。
＊31 大代朋和「楽器用材の利用――ピアノ製造業を事例として」『森林応用研究』第八巻（一九九九年）一三～一八頁。
＊32 大村いづみ「転換期を迎えるピアノ製造業――浜松地域の産業集積に関するケーススタディ」『産業学会研究年報』一九九九巻一四号（一九九九年）七六頁。
＊33 村上輝久『いい音ってなんだろう――あるピアノ調律師、出会いと体験の人生』（ショパン、二〇〇〇年）第五、第六章。
＊34 岩野・前間、前掲書、二九七頁。
＊35 Patrizio Barbieri（Translated by Anna Palmieri）, "Italy: Piano Industry", in *The Piano: An Encyclopedia*, Second Edition, pp.187-188.
＊36 https://www.archiviotallone.com/CesareAugustoTallone.html　タローネに関するサイト、二〇一九年一〇月一四日閲覧。

＊1　鈴木幸雄「ＥＸの誕生」『世界一のピアノづくりをめざして』九一頁。

＊2　河合楽器製作所『河合小市からＥＸへ――創立７０周年記念』（河合楽器製作所、一九九七年）一三四頁。

＊3　河合楽器製作所『響け、世界へ。河合楽器製作所９０年の歩み』（河合楽器製作所、二〇一七年）二〇六頁。

＊4　同前、二〇五頁。

＊5　当初は毎年一〇〇名募集していたが、二〇一九年現在では二〇名に減らしている。また、ピアノテクニカルアカデミーは、二〇〇七年、掛川工場内に移転した。

＊6　アーティスト・サービス室は二〇一九年現在、東京、北京、台北、ソウル、モスクワ、ハンブルク、ニューヨークに設置されている。

＊7　ヤマハ株式会社広報部『創業１００周年から１２５周年へ――四半世紀の歩み』（創業１２５周年プロジェクト、二〇一三年）二六頁。

＊8　二〇一七年度全国楽器協会調査による。ＰＴＮＡホームページより http://www.piano.or.jp/report/news/2019/05/16_25392.html 二〇一九年一〇月一七日閲覧。

＊9　大村、前掲論文、八二頁。

＊10　"Bösendorfer in 2014: A Conversation with Top Bösendorfer & Yamaha Officers About the Iconic Austrian Brand" *MMR* (*Musical Merchandise Review*), September 2014, pp.30-31.

＊11　『ヤマハグループ　統合報告書２０１８』（ヤマハ株式会社、二〇一八年）三七頁。

エピローグ

＊1　野村光一『ピアノ回想記』（音楽出版社、一九七五年）七一頁。

参考文献・資料

○沼津市明治史料館所蔵資料
「日本楽器製造株式会社」『旧幕臣箕輪家資料』

○主要参考文献
石原実『石原時計店物語』（海風社　二〇一三年）
磯部千司編著『山葉寅楠翁』（山葉寅楠翁銅像建設事務所　一九二九年）
井上さつき『日本のヴァイオリン王――鈴木政吉の生涯と幻の名器』（中央公論新社　二〇一四年）
――「米国領事報告から見る近代日本のピアノ製造」愛知県立芸術大学紀要第四七号（二〇一八年）一二三〜一三四頁
――「山葉寅楠と鈴木政吉――明治期の博覧会とのかかわりを中心に――」『ミクスト・ミューズ』（愛知県立芸術大学音楽学部音楽学コース紀要）第一三号（二〇一八年）四三〜六二頁
――「戦後の器楽教育と鍵盤楽器産業」愛知県立芸術大学紀要第四八号（二〇一九年）一四一〜一五三頁
伊東信宏編『ピアノはいつピアノになったか？』（大阪大学出版会　二〇〇七年）
ジョン＝ポール・ウィリアムズ『ピアノ図鑑――歴史、構造、世界の銘器』元井夏彦訳（ヤマハミュージックメディア　二〇一六年）
氏家平八郎「大橋幡岩の遺したメッセージ（14）」『JPTA会報』（日本ピアノ調律師協会）第一六一号（二〇一六年一一月）一〇四〜一〇六頁
――「大橋幡岩の遺したメッセージ（15）」『JPTA会報』（日本ピアノ調律師協会）第一六二号（二〇一七年三月）六二〜六三頁
――「大橋幡岩の遺したメッセージ（16）」『JPTA会報』（日本ピアノ調律師協会）第一六三号（二〇一七年七月）九一〜九二頁
宇都宮信一『宮さんのピアノ調律史』（東京音楽社　一九八二年）
榎本泰子『楽人の都・上海――近代中国における西洋音楽の受容』（研文出版　一九九八年）
大木裕子『ピアノ　技術革新とマーケティング戦略――楽器のブランド形成メカニズム――』（文眞堂　二〇一五年）
大代朋和「楽器用材の利用――ピアノ製造業を事例として」『森林応用研究』第八巻（一九九九年）一三〜一八頁
大野木吉兵衛「浜松における洋楽器産業」『遠州産業文化史』所収（浜松史蹟調査顕彰会　一九七七年）二九七〜三五八頁
――「山葉寅楠の手帖」『遠江』第二号（一九七八年）一〜一四頁
――「明治末葉における日本楽器製造（現ヤマハ）株式会社要人の動静――橋本吉太郎宛て書簡と松山大三郎の急逝をめぐって――」

『遠江』第二〇号（一九九七年）一三～二七頁
大橋ピアノ研究所『父子二代のピアノ――人 技あればこそ、技 人ありてこそ』（創英社／三省堂書店 二〇〇〇年）
大庭伸介『浜松・日本楽器争議の研究』（五月社 一九八〇年）
大村いづみ「転換期を迎えるピアノ製造業――浜松地域の産業集積に関するケーススタディ――」『産業学会研究年報』一九九九巻一四号（一九九九年）七五～八六頁
岡田恵美『インド鍵盤楽器考――ハルモニウムと電子キーボードの普及にみる楽器のグローカル化とローカル文化の再編』（溪水社 二〇一六年）
小倉貴久子『カラー図解 ピアノの歴史』（河出書房新社 二〇〇九年）
笠原光雄『メキシコの土になれ』（発行者 笠原光雄 二〇〇四年）
樫下達也「戦後日本における教育用楽器の生産、普及、品質保証施策――文部・商工（通産）・大蔵各省と楽器産業界の動向を中心に――」『音楽教育学』第四五巻第二号（二〇一五年）一～一二頁
河合楽器製作所『SALES NOTES』（河合楽器製作所 一九六一年頃）
――『限りなき前進――河合楽器』（河合楽器製作所 一九六七年）
――『世界一のピアノづくりをめざして――河合楽器製作所創立70周年記念誌』（河合楽器製作所 一九九七年）
――『河合小市からＥＸへ 創立70周年記念』（河合楽器製作所 一九九七年）
――『響け、世界へ。河合楽器製作所90年の歩み』（河合楽器製作所 二〇一七年）
河合滋『滋の奮戦記』（日本事務能率協会 一九六三年）
――『風雪十五年』（河合楽器製作所 一九七八年）
――『風雪三十年』（河合楽器製作所 一九九四年）
――『風雪四十五年』（河合楽器製作所 一九九五年）
川上嘉市「欧米ピアノ業界概観」『音楽世界』第六巻第一号（一九三四年）九二～九三頁
――『欧米紀行』（高風館 一九五三年）
河口道朗「器楽教育の基本的諸問題――楽器産業と音楽教育の関連性の問題を中心に――」『音楽教育研究』第五二号（一九七〇年）四六～五二頁
――「戦後の音楽教育」『小学校音楽教育講座 第二巻 音楽教育の歴史』（音楽之友社 一九八三年）九六～一三二頁
窪野忍「欧米楽器メーカー気質と日本」『実業の日本』一九六三年一〇月号、八〇～八三頁
「国産ピアノの創業とその発達を語る」『音楽世界』一九三六年一一月号、一〇～四一頁

坂本麻実子『明治中等音楽教員の研究――『田舎教師』とその時代――』（風間書房　二〇〇六年）
佐藤香津樹（等）編著『楽器一代――大村兼次のその人と来し方』（「大村兼次記念出版」刊行会　一九七三年）
『35年のあゆみ――鈴木金属工業』（ダイヤモンド社　一九七三年）
『社史』（日本楽器製造株式会社　一九七七年）
『全国楽器協会五十年の歩み』（全国楽器協会　一九九九年）
『創業五拾周年記念　山葉の繁り』（日本楽器製造株式会社　一九三六年）
『第五回内国勧業博覧会審査報告』第九部（第五回内国勧業博覧会事務局　一九〇四年）
『第三回内国勧業博覧会審査報告』第五部（第三回内国勧業博覧会事務局　一八九一年）
瀧井敬子『夏目漱石とクラシック音楽』（毎日新聞出版、二〇一八年）
武石みどり「明治初期のピアノ――文部省購入楽器の資料と現存状況――」『東京音楽大学研究紀要』第三三巻（二〇〇九年）一～二一頁
――「山葉オルガンの創業に関する追加資料と考察」『遠江』第二七号（二〇〇四年）一～一八頁
田中智晃「日本楽器製造にみられた競争優位性――高度経済成長期のピアノ・オルガン市場を支えたマーケティング戦略――」『経営史学』第四五巻第四号（二〇一一年）五二～七六頁
――「楽器卸商と製造会社の関係性――三木楽器と日本楽器製造の契約書から考察する流通の歴史」『東京経大学会誌』第二九六号（二〇一七年）一七～五三頁。
田中智晃編著、三木楽器株式会社社史編纂委員会監修『三木楽器史――Our Company を目指して――』（大阪開成館　二〇一五年）
通商産業省編『昭和50年代の生活用品産業』（通商産業調査会　一九七六年）
角山榮編著『日本領事報告の研究』（同文舘出版　一九八六年）
『東京楽器小売商組合六十年の歩み』（東京楽器小売商組合　二〇〇三年）
東京商業会議所編『保護政策調査資料　第一集』（東京商業会議所　一九〇四年）一五〇～一五二頁
中谷孝男『ピアノの技術と歴史』（音楽之友社　一九六五年）
西原稔「ピアノと鉄の文化――鋳鉄フレームの文化史」『ふぇらむ』第五巻七号（二〇〇〇年七月）四〇～四五頁
――『ピアノの誕生・増補版』（青弓社　二〇一三年）
『日本楽器製造株式会社の沿革』（日本楽器製造株式会社　一九五五年）
『日本楽器製造株式会社の現況』（山葉寅楠翁銅像建設事務所　一九二九年）
野村光一『ピアノ回想記』（音楽出版社　一九七五年）

野村三三『ピアノ線の人――村山祐太郎伝――』（にっかん書房　一九八〇年）
『浜松ピアノ物語――浜松のピアノが世界に認められた日――』（静岡県文化財団　二〇一五年）
ジェイムズ・バロン『スタインウェイができるまで　あるピアノの伝記』忠平美幸訳（青土社　二〇〇九年）
檜山陸郎「子どもの世界に楽しい音楽を――ヤマハ音楽教室の役割」『よろこびをつくる　日本楽器＝ヤマハ』企業の現代史41（フジ・インターナショナル・コンサルタント出版部　一九六四年）
――「（史料紹介）横浜洋楽器製造史資料（Ⅱ）『横浜開港資料館紀要』第二四号（二〇〇六年）四五～七二頁
平野正裕「横浜洋楽器製造史資料（Ⅰ）」『横浜開港資料館紀要』第二三号（二〇〇五年）一〇七～一四一頁
堀内敬三『音楽明治百年史』（音楽之友社　一九六八年）
眞家彰「楽器製造工業の現状」『金融情報』一九四九年三月号
前間孝則・岩野裕一『日本のピアノ100年――ピアノづくりに賭けた人々』（草思社　二〇〇一年）
真篠将「教育課程実施の裏づけとなる新しい教材基準について」『教育音楽』中学版、一九六七年一一月号、七〇頁
『松本ピアノの歴史――三代続いたスウィート・トーン』（松本ピアノ・オルガン保存会　二〇一一年）
松本雄二郎『明治の楽器製造者物語――西川虎吉　松本新吉』（三省堂書店　一九九七年）
三浦啓市『ヤマハ草創譜』（按可社　二〇一二年）
村上輝久『いい音ってなんだろう――あるピアノ調律師、出会いと体験の人生』（ショパン　二〇〇〇年）
村松道彌『おんぶまんだら』（芸術現代社　一九七九年）
諸井三郎「戦後音楽教育の概要」『音楽芸術』一九六〇年二月号、二〇～二四頁
ヤマハ株式会社広報部『創業100周年から125周年へ――四半世紀の歩み――』（創業125周年プロジェクト　二〇一三年）
「山葉氏の楽器談」『音楽雑誌』一八九六年五月二八日号
『The　Yamaha　Century　ヤマハ一〇〇年史』（ヤマハ　一九八七年）
山葉寅楠、大野木吉兵衛解題『渡米日誌』遠江資料叢書六（浜松史蹟調査顕彰会　一九八八年）
横浜開港資料館編『事業を興せ！　近代ヨコハマ起業家列伝』（横浜市ふるさと歴史財団　二〇一二年）
横浜市歴史博物館、横浜開港資料館編『製造元祖横浜風琴洋琴ものがたり』（横浜市歴史博物館　二〇〇四年）
R・K・リーバーマン『スタインウェイ物語』鈴木依子訳（法政大学出版局　一九九八年）

○その他
外務省『通商彙纂』復刻版（不二出版　一九八八年）

日本楽器製造株式会社『営業報告書』
『ヤマハグループ　統合報告書２０１８』（ヤマハ株式会社　二〇一八年）
『河合』（河合楽器製造株式会社）『日楽社報』（日本楽器製造株式会社）『ヤマハニュース』
『音楽雑誌』『音楽世界』『楽器商報』『ショパン』『ミュージックトレード』『実業の日本』
『朝日新聞』『報知新聞』『読売新聞』『毎日新聞』

○米国領事報告
Monthly Consular (and Trade) Reports. No. 278-357.
United States. Department of State. Consular Service. Washington, 1903-10.
Daily Consular and Trade Reports.
Washington［D.C.］: Dept. of Commerce and Labor, Bureau of Manufactures, 1910-1914.
Commerce Reports.
Washington,D.C.: Bureau of Foreign and Domestic Commerce, Dept. of Commerce, 1915-1940.
Special Consular Reports. vol. 1-86.
United States. Department of State. Consular Service. Washington, 1890-1923.（*Special Consular Reports*, vol.55, *Foreign Trade in Musical Instruments*, 1912）

○その他の参考文献・資料
Arnold, Janice M. "American Pianos, Revolution and Triumph." *Clavier*, July-August 1987.
Barli, Olivier. *La facture française du piano de 1849 à nos jours*. Paris: La Flûte de Pan, 1983.
Beaupain, René, *La Maison Gaveau, manufacture de pianos*, 1847-1971. Paris: L'Harmattan, 2009.
Deters, Sarah Katherine. *The Impact of the Second World War on the British Piano Industry*. A thesis submitted in partial fulfilment of the requirements for the degree of Doctor of Philosophy of Music, The University of Edinburgh, 2017.
Dolge, Alfred. *Pianos and Their Makers: Development of the Paino Industry in America Since the Centennial Exhibition at Philadelphia, 1876*. California: Covina, 1913.
Ehrlich, Cyril. *The Piano, A History*. Oxford: Clarendon Press, 1990, Rev. ed.
Fine, Larry（ed）. *The Best of Acoustic & Digital Piano Buyer*. San Diego: Brookside Press LLC, 2018.

Kornblith, Gary J. "The Craftsman as Industrialist: Jonas Chickering and the Transformation of American Piano Making", *Business History Review*, Vol.59, No.3（Autumn, 1985）, pp.349-368.
Loesser, Arthur. *Men, Women, and Pianos: A Social History*. New York: Dover, 1954/1990.
Loest, Roland. "American Pianos, Evolution and Decline." *Clavier*, July-August 1987.
Palmieri, Robert. *Piano Information Guide: An Aid to Research*. New York & London: Garland,1989.
The Piano, an Encyclopedia. Second Edition, Edited by Robert Palmieri, 2003/2011
Report on Nippon Gakki Seizo K. K. (Japan Musical Instrument Company), 14 December 1943. Report No. 19-b(97), USSBS Index Section 6（米国戦略爆撃調査団文書）
Roell, Craig H. *The Piano in America, 1890-1940*. Chapel Hill and London: The University of North Carolina Press, 1989.
Wainwright, David. *Broadwood, By Appointment: A History*. London: Quiller Press, 1982.
Wendt, Gunna. *Die Bechsteins: Eine Familiengeschichte*. Berlin: Aufbau, 2016.

The Japan Gazette; The North-China Herald and Supreme Court and Consular Gazette; The Music Trade Review; Le Ménestrel, Musical Merchandise Review; Piano Trade Magazine; The Presto; The Wall Street Journal.

本書は書き下ろし作品です。
装幀　中央公論新社デザイン室

井上さつき

愛知県立芸術大学音楽学部教授。慶應義塾大学、東京藝術大学、明治学院大学などで非常勤講師をつとめる。東京藝術大学音楽学部楽理科卒業。同大学院修了。論文博士（音楽学）。パリ・ソルボンヌ大学修士課程修了。
主な著書に『パリ万博音楽案内』（音楽之友社、1998）、『音楽を展示する――パリ万博1855-1900』（法政大学出版局、2009）、『フランス音楽史』（今谷和徳氏と共著、春秋社、2010）、『日本のヴァイオリン王――鈴木政吉の生涯と幻の名器』（中央公論新社、2014）、『ラヴェル』（作曲家・人と作品シリーズ、音楽之友社、2019）などがある。

ピアノの近代史《きんだいし》
――技術革新《ぎじゅつかくしん》、世界市場《せかいしじょう》、日本《にほん》の発展《はってん》

2020年2月10日　初版発行

著　者　井上《いのうえ》さつき
発行者　松 田 陽 三
発行所　中央公論新社
〒100-8152　東京都千代田区大手町1-7-1
電話　販売 03-5299-1730　編集 03-5299-1740
URL http://www.chuko.co.jp/

ＤＴＰ　嵐下英治
印　刷　図書印刷
製　本　大口製本印刷

Published by CHUOKORON-SHINSHA, INC.
Printed in Japan　ISBN978-4-12-005267-5 C0070

日本のヴァイオリン王
鈴木政吉の生涯と幻の名器
井上さつき